情绪与人生
情绪的表达 } 决定性因素 ⟶ 是否能掌控情绪

情绪 ⟷ 内心

心理学告诉我们，情绪是人对需要是否得到满足而产生的反应。在平时的生活中，我们每个人都会体验到各种各样的情绪，比如快乐、忧愁、高兴、悲伤、惬意、焦虑、喜悦、失望、难过等。

情绪心理学奥秘
认识不同情绪

情绪表达
**学会调节和
表达情绪**

◆ **关键性的话**

人活着，唯有控制好自己的情绪，保持情绪稳定，才能活得自在，收获美好。

有人曾经打过这样一个形象的比喻：能掌控情绪的人，比拿下一座城池的将军更厉害。

管理好情绪，

做个内心强大的自己

杨敬敬 / 著

中国致公出版社·北京

图书在版编目（CIP）数据

管理好情绪，做个内心强大的自己 / 杨敬敬著. --
北京：中国致公出版社, 2023.11
ISBN 978-7-5145-2157-3

Ⅰ.①管… Ⅱ.①杨… Ⅲ.①情绪—自我控制—通俗
读物 Ⅳ.①B842.6-49

中国国家版本馆CIP数据核字(2023)第161073号

管理好情绪，做个内心强大的自己 / 杨敬敬著
GUANLIHAOQINGXU ZUO GE NEIXIN QIANGDA DE ZIJI

出　　版	中国致公出版社	
	（北京市朝阳区八里庄西里 100 号住邦 2000 大厦 1 号楼西区 21 层）	
发　　行	中国致公出版社（010-66121708）	
责任编辑	颜士永	
责任校对	吕冬钰	
策划编辑	蔡　践	
封面设计	荆棘设计	
印　　刷	三河市众誉天成印务有限公司	
版　　次	2023 年 11 月第 1 版	
印　　次	2023 年 11 月第 1 次印刷	
开　　本	710 mm×1000 mm　1/16	
印　　张	13	
字　　数	148千字	
书　　号	ISBN 978-7-5145-2157-3	
定　　价	58.00 元	

• • •

　　有人说："一个失落的灵魂能很快杀死你，远比细菌快得多。"人生路上，我们遇到的最大敌人，其实不是能力，不是条件，而是情绪。

　　生活中，人们常常会因某事而产生喜怒哀乐的情绪变化，让它在自己的生命中留下情绪的印记。

　　情绪就像万花筒，能够让人们的生活变得丰富多彩；情绪又像控制速度的按钮，能够让人加速或减速前行。人的一生，就像一条漂在情绪海洋上的船，在情绪的世界里感受人生百味。

　　心理学认为，情绪就是一个人的心灵、感觉、感情的骚动，是人的内心活动，它是和人的内心需要相联系的。人们的一言一行都源于情绪及心理活动的变化。

　　对人来说，情绪有着十分重要的意义。

　　首先，情绪是与我们的生命紧密相连的。从生理学角度来说，情绪是大脑与身体相互协调与推动而产生的现象，因此所有人都会产生情绪。

　　其次，情绪绝对是诚实可靠且正确的。除非我们内心的一些观点发生了某些变化，不然，每次对于同一件事，我们都会有相同的自然反应。

再次，情绪让我们可以从事情中有所收获。人生出现的每一件事都是有意义的。每一种情绪的产生都有其价值与意义，总能给我们以指引。只要我们善于运用情绪，就能够给我们以帮助。

另外，情绪还是我们必不可少的能力。人们有很多能力，仔细衡量一下，就会发现每一种能力都带有一些情绪的色彩。如果没有了这些情绪的点缀，那么技能也会大打折扣。

也正是由于情绪如此重要，每个人都有必要了解情绪，学会控制自己的情绪。当你能够成功驾驭自己情绪的时候，你就会变得无比强大，在处理很多事情的时候也会占有优势；而不会控制自己情绪的人，往往会成为情绪的俘虏，反过来被他人或者外在事物所控制。

本书以情绪心理学为基础，解析了关于情绪的种种问题，并从现实中遴选了具体的生活案例，详尽呈现情绪管理的面貌，让人们能够了解情绪，管理好情绪，成为内心强大的自己。

愿我们都做一个阳光、快乐、豁达、开阔的人，做一个内心强大、有格局、有情趣的人，面朝大海，春暖花开。

目录

第11章 ● ● ●
当你能管理好情绪时，就会有美丽的人生

第12章 ● ● ●
驾驭好情绪，让情爱生如夏花

第1章　给情绪扫码，
破解不可不知的情绪密码

许多人一辈子，不是败给了对手，不是输给了运气，而是败给了自己的情绪。人生路上，我们遇到的最大敌人，其实不是能力，不是条件，而是情绪。

把开启情绪的钥匙握在手里

如同每个人都对自己怎么来到这个世界上充满疑问一样，对于情绪的产生，人们也有着莫大的好奇。对于情绪，大家并不陌生，但也谈不上多熟悉，简单来说，情绪是最熟悉也是最陌生的存在。

情绪是一把锁，能够开启这把锁的钥匙却绝非一把。如同天气一样，情绪既不稳定，也不呆滞，不可能每天都艳阳高照，也不可能每天都淫雨霏霏。情绪能够让我们感受到生活的酸甜苦辣，让我们原本平静的心里泛起涟漪。

情绪表现的往往是自身与外界之间的关系。自身及外界环境决定着情绪的产生：听了一个笑话我们会开怀大笑，看了一场悲剧电影我们会伤心落泪……这一切都告诉我们，我们对周围事物的注意、感知觉、记忆及想象等，都是可以开启情绪之门的钥匙。那么这些因素是如何开启情绪之门，并对情绪产生影响的呢？

1. 对外界事物的注意力

我们的情绪往往会因为所关注的事物而发生变化。我们对事物的注意常常具有选择性与指向性，并不是任何事情都能够引起我们的注意。当我们关注的是积极、正面、美好、健康的一面时，我们就容易做事有干劲，充满乐观；而当我们关注的是阴暗、痛苦、暴力的一面时，就容易产生负面的想法，做事也比较消极。从心理学角度来看，人们更容易关注一些负面的东西，这也就是为什么在看新闻的时候，我们往往会关注一些负面新闻，并对负面新闻印象深刻的原因。

2. 对世界的感知力

我们对这个世界的感知觉也是产生情绪的重要条件。在生活中，我们所看到的、所听说的事物都可能对我们的感受产生一定的影响。感知觉通过对我们的身体产生影响，从而带给我们不同的感受。色彩、声音、美食等都可以通过我们的相关器官给我们带来不同的感受。

3. 记忆力

林徽因在《你是那人间的四月天》中写道："记忆的梗上，谁不有两三朵娉婷，披着情绪的花，无名地展开。"这句话也揭示了情绪与记忆有着千丝万缕的联系。在2015年年末，皮克斯动画《头脑特工队》通过剧情告诉我们记忆跟情绪有着特殊的关系。记忆与情绪的关系是相互的，记忆会因情绪的不同而呈现不同的颜色；情绪也会因为记忆的不同而有所差异。比如"一朝被蛇咬，十年怕井绳"就是记忆影响情绪的最好例子。

4. 认知力

情绪也受到一个人认知方式的影响。认知方式指的是一个人在感知、记忆与思维过程中所特有而稳定的方式，个体对事件的解释风格或方式会影响个体对事件的情绪反应。

在心理学研究中，有一个经典的案例可以看出认知方式对个体的影响。在两个人面前摆放同样的半杯水，积极认知的个体就会说：啊，我还有一半的水呢！而那些具有消极认知方式的个体会说：唉，怎么只有半杯水！很明显，前者会更容易体验到满足的积极情绪，而后者自然会产生消极的情绪。

认知风格还分为场独立性和场依存性。心理学研究发现，在面对失败的事情，场依存性认知方式的个体的抑郁、焦虑程度会高于场独立性认知方式的个体。这是由于场独立性的个体是自我取向的，他们很少通过外部线索来认知自己，因此有更多的自主性，很少被外界所影响。场依存性个体对外界的线索很敏感，对周围环境的依赖性很强，更在意他人反应，对负面事件的反应就更强。不过他们也更善于把握整体，更容易适应环境，受大家欢迎。

总之，情绪就是在上面这些因素的影响下而开启的，因此人们在日常生活中要把控好这些因素，避免走向极端，影响了自己的人生。

> 一把钥匙开一把锁，一把锁可以保护我们的内心。掌握了自己情绪钥匙的人，能够淡定地看待问题，从而更好地走在明媚的阳光下。

你可能会被他人的情绪所支配

每个人都是一个无法复制的原创作品，有着自己独特的标签。可是我们又不能否认，每个人又是与他人紧密相连的。就像一幅画，只有多种颜色混合，才能让画呈现得更为瑰丽和完整。而当我们的颜色与他人的颜色涂在一起的时候，势必会被他人所影响，打上他人的某些印记，尤其是在情绪方面。亲人升职加薪，我们也会跟着高兴；邻里关系紧张，我们也难有好心情……他人的情绪变化在不知不觉中就开始发挥其影响力，支配着我们的情绪。正如劳伦斯所言："每个人都有一个与众相同的自我和一个与众不同的自我，只是所占比例不同。"

美国夏威夷大学的心理学教授埃莱妮·哈特菲尔德与同事在研究中发现，包括喜怒哀乐在内的所有情绪都可以在短时间内从一个人身上"传染"给另一个人，这种传染速度极快，甚至连当事人都没有察觉这种情绪的蔓延。

在日本的地铁上曾经发生过这样一件事：一个在日本学习武术的美国人遇到了一个醉汉。醉汉的情绪很激动，在地铁上又吼又闹，打扰周围的乘客，很多乘客都敢怒不敢言。美国人见醉汉实在是太过分了，就准备好好教训他一顿。醉汉见有人来向自己挑衅，马上朝他吼道："你个外国佬，让你尝一尝什么叫作真正的日本功夫！"说完，就摆好架势准备跟美国人在地铁上较量一番。

这时候，一位和蔼的日本老人走到了两个人中间，他先让美国人离开，然后走近醉汉。

"你喝的是什么酒？"老人关心地问道，就像是在询问自己的儿子一样。

"清酒，关你什么事？"醉汉虽然依然气势汹汹的，但情绪明显没有刚刚那么激动了。

"太好了！"老人突然愉快地说道，"我也特别喜欢这种酒。每天晚上，我都会跟太太坐在院子里品一会儿清酒。这样的日子真是让人觉得幸福啊！"随后，老人问他："你也应该有一个温柔贤惠的妻子吧！"

"不，她刚刚过世了……"说着说着，醉汉就开始抽泣起来，讲起了自己的妻子。过了一会儿，醉汉的情绪逐渐稳定下来，坐在椅子上，将头埋进了老人的怀里，睡了过去。

从这个例子中，我们可以看出，老人在面对暴跳如雷的醉汉时，用自己体贴的心情去感染对方，让对方的情绪逐渐稳定下来，说出了心里话。其实，任何人都会被他人所影响。从出生来到世上的那一刻，我们就注定要被他人所影响：小时候要接受父母的养育；到了学校读书，要跟同学老师朝夕相处；参加工作之后，则要跟同事、客户打交道……

心理学研究表明，一个人的认知、情感会受到他人的影响。每个人都会有从众心理，这便是典型的被他人情绪所左右的证明。值得注意的是，社会是个大染缸，人们要学会辨明情绪，不要让别人的负面情绪感染到自己，注意及时察觉并调节自己的情绪。

有些疾病的罪魁祸首是情绪

英国著名哲学家弗朗西斯·培根曾经说过："健康的身体乃是灵魂的客厅，有病的身体则是灵魂的禁闭室。"拥有一个健康的身体是我们过好一生的重要保障，因此人们会十分注重饮食，提升自己的生活品质，关心天气变化等。可是人们总是会忽略一个影响健康的重要因素，那就是情绪。

积极、愉悦的情绪就像太阳可以驱散阴霾，往往有助于身体健康；消极、忧虑的情绪则像黑夜，让人感到烦闷失落，影响人的身体机能，有害健康。心理学家和医学家认为，有一大部分人患的是情绪性疾病。换句话说，如果你有一天生病了或感到了不适，那么你有 50% 的可能得的就是情绪性疾病。

一天早晨，一个男人被救护车抬进了医院。担架上的他显得十分虚弱，头晕目眩，已经无法站立。他的心率达到每分钟 180 次。他看起来痛苦极了，不断地呕吐，他无法控制自己，总想上厕所。他以这样的状态在医院住了 3 个月，有好几次医护人员都断定他活不长。

其实，他在进医院前一个小时，还是一个极其健康的人，是个身强体壮的健身教练。到底是什么让他的身体发生了骤变？原来在那天早上，当他买好早点，准备叫妻子女儿起来用餐的时候，却发现妻子杀掉了他们唯一的女儿并自杀了。从那一瞬间起，他就无药可医了。他并没有患任何疾病，但是他总觉得自己患了癌症或是肺结核抑或是心脏病，甚至他的病状也严重得像同时得了这三种病一样。其实，他所遭受的不过是过多而剧烈的不良情绪罢了。

其实从科学角度来讲，案例中这个男士的反应是很正常的。就像有些人一看到恶心的东西就想吐，这并不是说他们的胃有问题，而是因为当他们看到恶心的东西时，伴随恶心的感觉产生的变化之一就是胃部肌肉剧烈紧缩，最终导致了呕吐。

早在中世纪，欧洲的医生们就已经意识到生物化学与人的性情之间存在某种联系。他们认为，人的性格与体液有关，血液、黏液、胆汁（黄胆汁）和抑郁液（黑胆汁）这四种体液保持平衡，人体才会健康。

到了现在，人们已经明确知道情绪会影响人体的内部环境，比如关节炎、胃溃疡等疾病，都与长期精神紧张有关。

除了影响人的身体健康，情绪还左右人们的判断能力、想象能力与运动能力等。人们生活在一个复杂的社会环境之中，其中不乏健康长寿的人。这些人往往都善于梳理自己的情绪，懂得转换不良情绪，避免长期处于忧虑的状态下。事实也证明，只有我们的内心保持平静，不因为外界事物的起伏而产生极端的心理，才能成为命运的主宰。

> 我们不能控制每天会发生什么事，但作为一个成熟的人，我们可以改变自己对周遭的看法，从而控制自己的情绪，让身体更健康。

善用色彩，情绪会跟着颜色而变化

生活中充斥着各种颜色，这让我们每天所看到的世界变得丰富起来。从科学的角度来看，颜色并非只是看起来的那么简单，除了可以让我们生活的画卷更加丰富多彩，颜色还影响着我们的情绪。

色彩心理学认为：每一种颜色有其独特的作用，令人产生不同的情感。不同的色彩刺激我们，使之产生不同的情绪反射。能使人感觉鼓舞的色彩为积极兴奋的色彩，而不能使人兴奋、使人消沉或感伤的色彩称为消极性的沉静色彩。

在英国伦敦，有一座著名的菲里埃大桥，这座大桥的桥身是黑色的。在过去相当长的一段时间里，这座桥就像是被诅咒了一般，不断出现有人从这里跳下自杀的情况。因为每年从桥上跳下自杀的人数太多，这一现象引起了伦敦市议会的注意，他们敦促皇家科学院的科研人员着手调查原因。后来，皇家科学院的医学专家普里森博士提出，人们自杀与桥身的颜色是黑色有关。但是他的理论在当时并没有得到人们的认同，甚至有不少人将他换掉桥身颜色的提议当成笑话看待。

由于长时间都没找到原因，三年之后，英国政府只好接受普里森博士的建议，将桥身的黑色换掉。没想到奇迹竟然发生了——自从桥身被涂改成蓝色之后，跳桥自杀的人数当年就减少了56.4%。普里森为此而声誉大增。

心理学家研究发现：色彩在很大程度上影响着人们的情绪，色彩作用于人的感官，刺激人的神经，进而在情绪、心理上产生影响。比如夏天的时候穿上蓝色或者绿色的衣服会让人感觉清凉，将肉类调成酱红色会让人更有食欲。

心理学家认为，视觉是人的第一感觉，而对视觉影响最大的就是色彩。颜色之所以会影响人的精神状态和心绪，在于颜色源于大自然的先天的色彩。蓝色的天空、鲜红的血液、金色的太阳……看到这些与大自然先天的色彩一样的颜色，自然就会联想到与这些自然物相关的感觉体验，这是一种最原始的影响。这也可能是不同地域、不同国度和民族、不同性格的人对一些颜色具有共同感觉的原因。

每个人对色彩都有自己的偏好，在心情不好的时候，不妨利用色彩进行调节。

1. 红色

色彩鲜艳，是一种具有刺激性的色彩，给人以大胆、强烈的情感，让人情绪奔放，产生热烈、活泼的情绪，不过过多地凝视大红色会影响视力，容易产生头晕目眩的感觉。心脑血管患者应避免长时间直视红色，卧室与书房也尽量避免过多地使用红色。

2. 绿色

与红色相反，绿色有利于人们集中精力，提高工作效率，消除疲倦，同时还能让人减缓呼吸速度，降低血压。不过在精神病院里，单调的绿色，尤其是深绿色，容易引起精神病患者的幻觉与妄想。

3. 蓝色

容易让人产生遐想的色彩，有调节神经、镇静安神、缓解紧张情绪的作用。蓝色的灯光可以有效地治疗失眠，降低血压，还能够降低噪声对城市居民情绪的干扰。不过，值得注意的是抑郁症患者过多地接触蓝色会加重病情。

4. 白色

白色可以有效缓解容易动怒的人的情绪，有助于维持血压正常。不过孤独症、抑郁症患者不宜长期居住在白色的环境里。

5. 粉红色

粉红色也容易让发怒的人冷静下来，让人的情绪趋于稳定。孤独症或者情绪抑郁的人不妨多接触一下粉红色。

6. 紫色

紫色给人十分沉静的感觉，让人产生浪漫遐想。追求时尚的人最推崇紫色，但是大面积使用紫色会产生压抑感。

透过表情的窗户，洞察内心的情绪

如果说人的内心是一个有着强大功能的 CPU，那么人的表情变化就是这台超级 CPU 的显示器。表情可以说是一种全球通用的无声语言，不管在世界的哪个角落，人们都能够通过表情的变化来传达内心的情感与情绪变化。

人类的面部肌肉十分丰富，由 44 块肌肉构成，可以帮助人类做出各种各样共 5000 多个表情，从而表达出我们复杂的内心情感与多变的情绪。

美国心理学家保罗·艾克曼在实验中发现，人脸的不同部位具有不同的表情作用。比如眼睛在表达忧伤方面十分重要，嘴部在表达厌恶与快乐方面最为重要，而前额可以提供惊奇的信号，眼睛、嘴和前额对表达愤怒情绪很重要。

表情千变万化，每一种变化的背后都包含不同的心理活动。就拿微笑来说，我们所知道的不同的微笑就有 12 种，有的微笑是真诚的、发自内心的，有的是带有信任感的、敬佩感的信服，有的是亲近和善的，有的是妩媚温柔的，有的是带有挑逗性的，有的是礼节性的……丰富多彩，但是都能表达人们的内心，反映人们的情绪变化。

以下是人的情绪与表情对应的一个简单表格。

情绪	面部模式
兴奋	眉眼朝下、眼睛追踪着看、倾听
愉快	笑、嘴唇向外向上扩展、眼角弯起
惊奇	眼眉向上、眨眼
悲痛	哭、眼眉拱起、嘴角朝下、有泪的抽泣
恐惧	眼发直、脸色苍白、出汗发抖、毛发竖立
羞愧、羞辱	眼朝下、头低垂
轻蔑、厌恶	冷笑、嘴角上翘
愤怒	皱眉、眯眼、咬紧牙关、面部发红

当然，表情也可以伪装，当人们出于某种需要时，可能会表露一些虚假的表情，甚至会表达出与自己意愿相反的表情。因为每个人都知道，别人可以通过自己的表情来窥探自己的内心，所以一旦人们不想让他人了解自己的真实想法，就会用虚假的表情来掩饰自己的内心。

已经在商海驰骋了多年的李洁最近去参加了大学同学的聚会，大家多年不见，自然有说不完的话。李洁当年的同桌兴高采烈地说起了自己的生活，说自己的两个孩子都找到了不错的工作，她十分高兴。然而，李洁注意到，在对方说这些话的时候，虽然面带笑意，但是总有些地方表现得并不自然，不是耸鼻子就是扯嘴角，有时还会有意无意地触碰一下鼻头。后来，别人告诉李洁，她的同桌现在过得并不好，两个孩子也过得勉勉强强，根本没有固定的经济来源。了解这些之后，李洁找到了自己的同桌，跟她进行了一次长谈，发现她的两个孩子的品德都不错，且聪明好学，于是帮这两个孩子找了合适的职位。同桌虽然不好意思，但是脸上露出了难以掩饰的喜悦。

古人云："事之至难，莫如知人。"这句话充分揭示了看破人心在现实生活中的实际难度，说明普天之下虽然有各种困难的事情，却没有什么事情比了解和认识别人更加困难的了。然而，我们又必须突破这重困难，因为我们每天都需要跟不同的人打交道。因此人们要学会通过表情的窗户洞察人内心的情绪，这样才能了解对方，拆除心墙。

虽然很多时候，我们无法通过直接的"看"来了解他人内心的真实想法，但通过科学的方法解读他们的情绪，或许会给我们日常的人际交往带来帮助。

★情绪宝典：那些年我们对情绪的错误解读

误解一，任何情况下都有一个正确的情绪去应对

首先我们必须纠正的是情绪并没有对错之分，然后要说的是每个人对不同的情况有着不同的评判标准，看世界的角度也有所不同。不同的人在遇到同样的情况时也会表现出不同的情绪，就算表现出的情绪是相同的，在程度上也有着很大的差异。没有一种情绪是可以适用于任何情况的。

误解二，当我展现出自己不高兴时，会显得我很弱

情绪的表现跟人的能力强弱没有关系。每个人都会产生负面情绪，将负面情绪表现出来，只会传达一个信息：这件事让我很困扰。

误解三，有些情绪是毫无用处的

所有情绪都会给我们提供一些有用的信息，在这些情绪的帮助下，我们才能了解自己的喜好，更好地跟他人沟通。

误解四，一旦有人不认同我的情绪，就说明我错了

就像第一条所说的，情绪没有对错之分，每个人对同样一件事的感觉是不同的。因此，没人能够评判情绪。如果你的感觉就是如此，又何必去在意别人怎么说呢。

误解五，旁观者清，其他人才能看清我们的情绪

周围的人看到的只是你的行动与表现，他们并不知晓你的内心感受，因此最了解你的还是你自己。

误解六，所有让人感到痛苦的情绪都应该被忽视

让人感到痛苦的情绪确实让人觉得难以忍受，因为这样的情绪往往会在心里留下比较明显的伤痕，而且这样的伤痕是需要被治愈的。如果我们故意去忽视它，这种痛苦的情绪将会给我们的心理带来更加长久的、挥之不去的伤害。

误解七，如果我不做什么，负面情绪就会变得越来越强烈

情绪并不会一直增加强度，往往只会像抛物线一样，到达顶峰以后，慢慢地降下来。

误解八，负面情绪是坏的，带有破坏性的

情绪并不会带有破坏性，带有破坏性的是由情绪引发的行为。

误解九，所有的情绪都是没理由的、自发产生的

所有情绪的产生都是有原因的，它是以人的愿望和需要为中介的一种心理活动。但是对于情绪产生的原因，心理学界也有一些不同的理论来解释。

误解十，任何痛苦的情绪，我都无法承受

人们对于不愉悦的情绪的承受能力是可以训练的。如果我们不锻炼自己承受不愉悦情绪的能力，那么可能会引发一些带有破坏性的行为，比如滥用药物、自残、性虐待等。这些行为不但会造成很大的问题，还会反过来让人产生更加痛苦的情绪。

第2章　你若怠慢情绪，
你的情绪就会悄悄地伤害你

情绪像水一样需要被引导，而不是逃避。只有面对它，接受它，疏解它，才不会被它影响。当一个人懂得不怠慢自己的情绪时，就能面朝大海，春暖花开。

不要钻进非此即彼的套子里

很多人都将自己的人生看成一场大型的考试，每道题的答案只有对和错两种评分标准。其实不然，人生是属于自己的，从来不需要别人来打分，而答案更没有对错之分。很多时候，我们不需要将自己逼到一种极端情境之中。不要总是用概括性、绝对性的认知方式来看待所发生的事情，这种极端化的思维方式往往带来焦虑、消沉、愤怒等负面情绪。他们往往否认积极的一面，只关注消极的一面。一旦负面情绪积压到一定程度，就有可能引发一场悲剧。

2016 年 7 月，在江西省吉安县一家超市中，发生了一件让人唏嘘不已的事情。

一天晚上 7 时，有三位大人带着一个小孩来到超市选购商品，准备结账的时候，小孩拿着购买的商品，在收银机的扫描仪上过来过去，影响女收银员正常工作，随即女收银员制止了他的行为。没想到，大人非但没有因为孩子的不懂事而道歉，反而与女收银员发生了争吵。在争吵之中，另一位超市的员工赶来劝解，而其中的一位老太太不仅不听劝，还当场扇了女收银员一记耳光。随后，另一位同行的中年妇女又对女收银员头部进行了击打。双方闹成了一团。

事发几天之后，超市方叫来打人顾客与女收银员进行调解。在调解的过程中，女收银员一直情绪低落，而这时所有人都没有留意到女收银员的情绪，没人为她争取相关利益。三名顾客的态度十分强硬，而超市方因此还要扣她 3 天工资。感到十分委屈的女收银员，随后走出了调解室，走到了超市的货架前，拿起了货架上的刀具，捅向了自己的左胸，后经抢救无效死亡。

这是一件让人唏嘘不已的事件，人们在为收银员抱不平的时候，同时也在为收银员有这样的举动而感到不值。受了委屈，情绪低落可以理解，但是没必要把自己逼进极端之中。凡事需要自己看开，谁都可能会有与委屈狭路相逢的时刻，如果每个人受了点委屈就寻短见，那么生命也太过脆弱和廉价了。

一旦思维走进了极端，往往会带有绝对性的"应该""必须""一定"的想法，而带有这种想法的人就会感到困扰，因为他们的观念里"不是这样就一定是那样"，导致他们容易做出一些极端的行为。

记得有一位心理学家在他发表的一部专著中认为，过度概括化和绝对性的思维，容易让人们在面对发生的事件时产生认同障碍，也就是用行为的好坏来认定自己的好坏。当人们产生概括化和绝对性的想法时，就会带着绝对性的观点去看待事情。比如面试失败，就会认为自己是个失败者，从而陷入失落、抑郁等负面情绪之中。其实有些失败跟自身的真实价值是无关的，之所以会产生负面情绪，说明你已经产生了错误的思维，让自己对这件事的感觉变得极为强烈。

试着用多种可能性的眼光去看待每件事情。当你用不同的看法，重新去看待一些事情的时候，负面情绪就会很快得以消除。你完全可以从不同的角度去看待那些你认为的各种不公平的事情，这样你的怒气就会减少很多。生命只有一次，春天可能来得晚些，但并不会影响花开。

给心灵放个假，重新整顿自己的情绪行囊

人们在做事情之前都习惯将一切规划好，但是这时候过度的规划往往会让人们的心灵受限，走上墨守成规的道路。有时候，不妨用一种全新的理念更新一下自己的"数据库"，从其他方面来看问题。换个环境，换种心境，生活也可能由阴天变成万里晴空。

负面情绪像黑暗无法驱赶，唯一的应对方法就是带光进来，让黑暗的世界重见光明。心里住着太阳，走到哪里都是阳光灿烂。

弗朗西斯红着眼睛对好友说："你知道离婚最让人吃惊的是什么吗？离婚并不会要人命。但是当一个对你表示至死相爱的人说他从不爱你，那会立即要人命的。"

弗朗西斯是旧金山一位知名的女作家，在事业上颇为成功，生活上却频频碰壁，遭遇了始料未及的婚变。离婚之后，弗朗西斯搬进了单身公寓，她那时的心情糟糕透了，跟刚住进的公寓的糟糕环境一样灰暗。为了帮助她走出低谷，好友给她报名去意大利托斯卡纳旅游。虽然弗朗西斯本人并不情愿，但是因为不好意思拒绝朋友的好意，于是就答应了下来。

弗朗西斯来到托斯卡纳之后，马上就被这里的美景迷住了，她觉得

自己仿佛进入了一个画卷之中：让人心旷神怡的大片农田，欣欣向荣的向日葵，古老的街道与砖墙，错落有致的庭院，与天际相接的花海……这里的一切都是那么美丽，让人心旷神怡。

当弗朗西斯独自走在乡间小路上的时候，被一座房屋吸引了，它有一个迷人的名字——巴玛苏罗，是"渴望阳光"的意思。房子有着杏黄色的外墙，稍稍有些褪色的绿色的百叶窗。露台面朝东南，顺着眼前的深谷望去，远处是山脉。房子坐落在长满了橄榄树与其他果树的山坡上，一条由白色鹅卵石铺成的石路蜿蜒而过。弗朗西斯觉得自己被唤醒了，仿佛生活的阳光照进了自己阴云密布的内心。她决定要住在这里，开启崭新的生活。

她买下了那个房子，并按照自己的喜好对房子重新进行了装修，结识了新的伙伴，开启了一段崭新的感情。一年之后，她回想起那段时间，她说自己原以为离婚比死亡还令人难过，如今她却发现，没有什么是跨不过去的，不妨找回自我，转换思维，这样才能超越自我。

弗雷德·里克森提出了"积极情绪扩建理论"，认为积极情绪会唤醒人们一些思维上的局限性，从而产生更多的思想，表现出更多的行为与行为倾向。积极情绪能够扩大个体的行为与思想，而消极情绪会缩小个体的行为与思想。积极情绪还能缓解和消除因为消极情绪造成的紧张，从而在生理上和心理上提供正面的影响。简单来讲，看待事物的眼光不同，情绪也会发生变化，积极情绪可以解放我们的内心，让我们从地狱转向天堂。

如果你正在被负面情绪所困扰，不如去看场电影或者旅游，让自己先把困扰自己的情绪放置一边，就像是遇见了下雨天，我们不能改变天气，不如打一把伞，去欣赏一下雨景，也是一个不错的选择。

一念天堂，一念地狱

芝加哥大学的哈欣校长在被问到如何处理负面情绪的时候，曾经说："我一直严守一条原则，是席尔斯百货总经理罗森华告诉我的，'如果眼下只有一个酸柠檬，那就想办法做杯可口的柠檬汁吧！'"

哈欣校长所描述的就是一种乐观的心态，但并不是所有人都乐意接受一个酸柠檬，有些人在拿到酸柠檬的那一刻就开始了抱怨，会不停地说："为什么上天要对我如此不公？"于是他看整个世界都是灰暗的，开始出现厌烦情绪。当然，也有很多人在拿到酸柠檬的时候，会觉得自己很幸运，他会说："这次失败教会了我很多东西，我可以学到很多东西。"

心理学家阿尔弗莱德一生都致力研究人类及其潜能，他曾说："人具有反败为胜的力量。"对于这一点，我们不妨从一个名叫瑟玛·汤姆森的女性身上来发现。

战争期间，瑟玛的丈夫所在的军队在沙漠中长驻。为了能够时常与丈夫见面，她也在附近住了下来。可是那个地方的环境太恶劣了，她觉得比她去过的任何一个地方的情况都要糟糕。当丈夫随军参加军事演习的时候，她就只能独身一人待在一间小房子里。因为身处沙漠，所以气温很高，人生地不熟，这让瑟玛十分痛苦。她觉得自己不管是吃的食物，还是呼吸的空气，都满是沙尘。这样的情况，让她觉得自己是世界上最倒霉的人，开始为自己悲惨的命运衰叹不已。于是她写信给父母，告诉父母自己打算放弃，想要马上回家，不想在这个鬼地方再待下去了，她觉得就算是坐牢也比现在的处境好得多。父亲给瑟玛的回信只有三行字：

两个犯人在监狱里从铁窗向外望，

一人看到了泥泞满地，

一人看到了星辰满天。

她反复阅读这几句话，心里十分惭愧。她决定改变自己，去发现沙漠里的"满天星辰"。

她开始认真地跟当地的土著交朋友，发现当地的居民都十分友好。当她对他们所编织的东西和陶艺表现出兴趣的时候，他们甚至将自己珍爱的物品送给了瑟玛，而观光客就算是想出钱买，他们都不卖。她开始研究当地不同品种的仙人掌及各种奇花异草，她还试着跟土拨鼠一起驻足欣赏沙漠的落日美景，寻找300万年前的贝壳化石……

一段时间之后，瑟玛自己都感觉出了自己的变化。恶劣的环境并没有变，但是她的情绪产生了天翻地覆的变化。她发现生活是如此精彩，这样的改变让她既激动又兴奋。

佛斯狄克曾经说过："真正的快乐未必是愉悦的，它多半是某种胜利的感觉。"没错，快乐就源于某种成就感，源于将酸柠檬榨成柠檬汁的过程。当你转变了思维，就能让具有破坏力的火药变成烟花，将毁灭变成了装饰，收获另一个安澜的世界。

正面思维的"正面"，实际上包含着三方面的意思。

1. 自己的正面

正所谓自知者明，能够了解自己的优势与实力，积极应对困难与挑战，才不会稍遇挫折就轻言放弃，从而做到持之以恒，直到成功。

2. 别人的正面

能够正确地看待别人，见贤思齐，从别人身上学到更多的东西。正所谓敬人者人恒敬之，你谦虚的态度也能赢得别人的好感和尊重，从而拓宽自己成长的道路。

3. 环境的正面

上帝为你关上一扇门，必然会为你打开一扇窗。不管我们处于怎样的情况，都要看到积极阳光的一面，让自己保持乐观的状态。

正面思维可以让人们在处理事情的时候，以积极、主动、乐观的态度去思考和行动，促使事物朝着有利的方向转化。正面思维可以让人们身处逆境却不会消沉，促使转机的出现。从认知上改变命运，是事业成功和实现自我目标的有效途径，它的本质是发挥人的主观能动性，挖掘潜力，体现人的创造性和价值。

用正面思维代替负面思维，其实并不难，只不过是一层窗户纸罢了，也就是所谓的"一念间"。一旦觉察出自己产生的某个念头是负面的，朝着相反的方向去思考就可以了。值得注意的是人的

> 如果说生活像一部影片，你的记忆就是片段或照片。记忆是快乐的，你看到的自己就是快乐的；记忆是痛苦的，你看到的自己就是痛苦的。而那些片段的存储者就是你自己，你将截取哪些片段用来存储呢？

思维具有惰性，想要戒除负面思维并不容易，需要我们不断努力，持之以恒。

你的积极情绪，可以被想象叫醒

每个人都不甘平庸，当我们看到别人成功时，总会不自觉地产生一些情绪，有的羡慕，有的嫉妒，有的失落……这些情绪会在不知不觉中打击我们的自信心。

成功其实很简单，只要懂得将消极情绪转换成积极情绪，就可以唤醒心中沉睡的巨人，轻而易举地控制身体、情绪、精神、财富及最终命运，逆转弱势，成就黄金人生。

心理研究发现，"想象"是引发情绪反应的一种重要方式。积极的想象在消除负面情绪方面可以起到有效的促进作用。

在医学领域，很多医生会引导患者通过想象获取积极情绪，从而有效地改善人体的免疫机能，有效地医治疾病，收到不错的效果。

美国卡尔·西蒙顿医生不幸患上了皮肤癌，不过他并没有像很多病人那样意志消沉，相反他每天都很乐观，借助积极想象的力量唤醒身体的免疫机能，战胜了这个不治之症。之后，他根据自身的经验，创造了一种"精神想象操"，帮助很多癌症晚期的患者进行治疗。

在医生的帮助下，患者往往被要求闭目静坐，按照"精神想象操"的指导语开始精神想象，每天进行三次。这些患者在临床诊断时，已经被诊断生命不超过一年。在进行练习之后，大部分患者都感觉心情变好，原来的悲伤、压抑、焦虑、恐惧等不良情绪减轻了，直到逐渐消失。

结果显示，绝大多数患者的生命都延长了，至少也生存20个月以上。还有一名喉癌患者，当时癌瘤几乎阻塞了她的咽喉，她每天只能靠喝液体来维系生命，医生也已经无计可施，遗憾地告知病人只能活一两个月。后来，患者接受一位心理学家建议，采用"想象疗法"治疗，每天静坐在床上，排除杂念，想象自己体内的白细胞化身成了英勇搏斗的"战士"，一起集中到喉头将癌细胞恶魔一个个杀死。一个月之后，她的病情明显好转，一年之后，癌瘤竟奇迹般地消失了。

人们在想象的帮助下获取积极情绪，不仅可以有效地提升身体机能，还能抵御疾病，让人生充满欢乐。在遭遇困境的时候，有些人之所以一直无法从困境中走出来，主要是由于他们习惯用消极的思维想象自己的人生。

英国作家萨克雷曾经说过："生活就像一面镜子，你笑，它也笑；你哭，它也哭。你感谢生活，生活将赐予你灿烂的阳光；你不感谢，只知一味地怨天尤人，最终可能一无所有。"从现在开始，换一种思维方式去想象人生吧。不要总为眼前的困难而自怜，看不到自己身处的阳光，感受不到生命的美好。上帝总喜欢时不时地捉弄一下我们，如果因为输了一局就弃权或者消极应战，那么就失去了游戏的乐趣。怀着积极的情绪应对，也许你会是最后的赢家。

美景到处都有，在于你如何感知

著名雕塑家罗丹曾说过："生活中不是没有美，而是缺少发现美的眼睛。"这句话很有道理，在这个世上，美好的事物人人向往，如果你拥有愉快的心情，就会拥有一双发现美的眼睛，觉得一路都是风景。可是并非所有人都能一直拥有愉快的心情，所以风景也可能会被忽略。

心平气和的人有一双发现美的眼睛，它不是长在脸上，而是长在心里，这双眼睛比自然生成的那双眼睛更为重要。因为从这双眼睛里，人们会发现一个更加美丽、细腻的世界。这双眼睛不会被坏情绪所干扰，懂得及时"止损"，去看那些好的一面。

有一位特别爱摆弄盆景的老人，总是小心翼翼地栽种盆景，可以看出他很宝贝这些东西。

有一次，老人有事要外出，于是就在临走之前，对儿子千叮咛万嘱咐，让儿子一定要好好照看跟他命一样重要的盆景。

在老人外出期间，儿子遵从父亲的叮嘱，一直很精心地照料这些盆景。尽管如此，儿子在浇水的时候，还是因为不小心碰倒了一个花架，打碎了一个盆景。看着满地狼藉，儿子很担心父亲回来会责骂自己。

老人回来之后，儿子坦诚地交代了这件事情，出乎所有人意料的

27

是，老人非但没有责备儿子，还笑着说："没关系，我种这些盆景是用来欣赏和美化家中环境的，而不是为了生气的。"

老人说得很对，他并不是为了生气来栽种这些盆景的。盆景既然已经碎了，又何必为此再失去一个好心情呢。同样的，人也并不是为了生气而活着的，只有愚蠢的人，才会用别人的错误来惩罚自己。

我们的生活注定会出现很多不如意的地方，也许工作很卑微，也许生活很窘迫，也许环境很阴暗，但是只要你愿意，每一分每一秒都能变得奇妙无比，每一寸光阴都埋着幸福的种子等待着我们去发现，去灌溉，然后结出幸福的果实。

从现在起，不妨用"美"的眼光去看待问题，为生活中的小确幸而欢呼，那么我们眼中的一切都可能变得美好。幸福就藏在生活的细枝末节里，只要我们愿意去寻找，就能够发现。

村上春树说过："生活中为了发现'小确幸'，或多或少是需要自我约束那类玩意儿的。好比是剧烈运动后喝的冰镇透了的啤酒——

"'呜——，是的，就是它！'如此让人闭起眼睛禁不住自言自语的激动，不管怎么说都如醍醐灌顶。没有这种'小确幸'的人生，不过是干巴巴的沙漠罢了。"

★测一测：看看你的情绪有多稳定

1. 打开手机相册，看一看最近自己拍摄的照片，你的感想是？

A. 觉得并不满意　　　　B. 感觉还不错　　　　C. 觉得还过得去

2. 你是否会想象若干年后将要发生一些让自己心神不宁的事情？

A. 经常会想　　　　　　B. 从来没想过　　　　C. 偶尔会想到

3. 你是否曾经被同事或者朋友取过绰号、挖苦过？

A. 常有的事情　　　　　B. 从来没有过　　　　C. 偶尔会有

4. 你在就寝之后，是否会怀疑自己门窗没关好，因此再起来一次？

A. 经常会这样　　　　　B. 并不会这样　　　　C. 偶尔如此

5. 你对与你关系亲密的人是否满意？

A. 不满意　　　　　　　B. 非常满意　　　　　C. 基本满意

6. 半夜的时候，你是否会想一些让你感到害怕的事情？

A. 经常　　　　　　　　B. 从来没有　　　　　C. 极少有这种情况

7. 你是否会因为梦到什么可怕的事情而半夜惊醒？

A. 经常　　　　　　　　B. 没有　　　　　　　C. 极少

8. 你是否有过多次做了一样的梦的情况？

A. 有　　　　　　　　　B. 没有　　　　　　　C. 记不清

9. 有没有一种食物让你吃完之后想要呕吐？

A. 有　　　　　　　　　B. 没有　　　　　　　C. 记不清

10. 除去眼中所看到的世界之外，你的心里是否藏着另外一个世界呢？

A. 有 　　　　　　 B. 没有 　　　　　　 C. 记不清

11. 你是否觉得自己并非是现在的父母所生呢？

A. 时常 　　　　　　 B. 没有 　　　　　　 C. 偶尔有

12. 你是否觉得世上有一个爱你或者尊重你想法的人？

A. 否 　　　　　　 B. 说不清 　　　　　　 C. 是

13. 你是否常常会觉得你的家庭对你不够好，但是你又明明知道他们确实对你很好？

A. 是 　　　　　　 B. 否 　　　　　　 C. 偶尔

14. 你是否觉得世上并不存在特别了解你的人？

A. 是 　　　　　　 B. 否 　　　　　　 C. 说不清楚

15. 早上起来的时候，你常常有什么感觉？

A. 天气阴沉 　　　 B. 阳光灿烂 　　　 C. 不清楚

16. 站在高处的时候，是否觉得心慌站不稳？

A. 是 　　　　　　 B. 否 　　　　　　 C. 有时是这样

17. 你平时是否觉得自己很强健？

A. 否 　　　　　　 B. 不清楚 　　　　　 C. 是

18. 你回到家之后是否马上随手把门关上？

A. 是 　　　　　　 B. 否 　　　　　　 C. 不清楚

19. 把门关上之后坐在房间里，独自一人的时候你是否感到害怕？

A. 是 　　　　　　 B. 否 　　　　　　 C. 偶尔

20. 当一件事需要你做决定的时候，你是否觉得很难？

A. 是　　　　　　　B. 否　　　　　　　C. 偶尔

21. 你是否常常会通过抛硬币、抽签等游戏来测吉凶？

A. 是　　　　　　　B. 否　　　　　　　C. 偶尔

22. 你是否常常因为碰到东西而跌倒？

A. 是　　　　　　　B. 否　　　　　　　C. 偶尔

23. 你是否需要用很长时间才能入睡，而且常常醒得比你希望的早一小时？

A. 经常这样　　　　B. 从不这样　　　　C. 偶尔这样

24. 你是否曾看到、听到或感觉到别人并没有留意到的东西？

A. 经常这样　　　　B. 从不这样　　　　C. 偶尔这样

25. 你是否觉得自己有超越常人的能力？

A. 是　　　　　　　B. 否　　　　　　　C. 不清楚

26. 你是否觉得有人跟着你走而让你心神不宁？

A. 是　　　　　　　B. 否　　　　　　　C. 不清楚

27. 你是否觉得有人在偷偷观察你的言行？

A. 是　　　　　　　B. 否　　　　　　　C. 不清楚

28. 一个人走夜路的时候，你是否总觉得周围潜藏一些危险？

A. 是　　　　　　　B. 否　　　　　　　C. 偶尔

29. 看到有人自杀，你的想法是什么？

A. 可以理解　　　　B. 不可思议　　　　C. 不清楚

答案分析：

以上各题，选 A 得 2 分，选 B 得 0 分，选 C 得 1 分。得分越少，表明你的情绪越稳定，相反则越差。

总分 0—20 分：说明你的情绪基本稳定，自信心强，具有较强的美感、道德感和理智感。你是个性情爽朗、受人欢迎的人。

总分 21—40 分：说明你的情绪基本稳定，不过较为深沉，在考虑事情的时候过于冷静，不善于发挥自己的个性。压抑自己的自信心，办事热情忽高忽低，瞻前顾后，犹豫不决。

总分 41 分以上：说明你的情绪极不稳定，常常会有烦恼，让自己的情绪一直处于高度紧张与矛盾之中。

总分 50 分以上：这是一种十分危险的信号，请务必让心理医生进一步诊断。

第3章　世界如此美好，
何必心气暴躁

　　《武林外传》中郭芙蓉有一句经典的台词："世界如此美好，我却如此暴躁。这样不好，不好！" 她这个出了名的火药桶意识到控制情绪的重要性，终于战胜了自己。生活中的我们，都不应该做情绪的奴隶，而应懂得控制情绪。

没有收拾残局的能力，就不要放纵自己的愤怒

愤怒是人类的一种常见的情绪，能够引发一系列具有破坏性的行为。当人们愤怒的时候，智商与情商都会降到最低，特别容易做出让人追悔莫及的事情。

愤怒的背后是恐惧，人们总是担心无法掌控局面，或者局势威胁到自己，因此将自我形象建立在对别人的控制之上的人是最容易愤怒的。如果想要减少愤怒的发生，就不要总想着控制别人，或者控制自己控制不了的东西。

当人们发火的时候，很容易失去理性，做事失去效率，让生活被怒火所吞噬。如果是脾气暴躁的人，那么他们的每一次发怒都可能像在走钢丝，一不小心就会万劫不复。满世界都是陷阱，愤怒会带你走向最坏的结果。

愤怒之人如果不懂得克制自己的情绪，就像是恶魔附身一般。胡山就是因为一时愤怒，残忍地结束了他人的性命，也把自己送到了死神的面前。

胡山是一名进城打工的老实人，在建筑工地开挖掘机。建筑工地的管理员张哥是当地有名的地痞无赖，凭借多年在社会上混出来的关系包下了这个工程。他平时对建筑工人的态度特别恶劣，要求十分苛刻，经

常因为脾气不好辱骂工人。胡山到这个工地几个月期间几乎每天都会被他辱骂一番。

有一次，胡山接到张哥电话，让他到另外一个施工工地作业。在施工的过程中，张哥态度十分傲慢，胡山稍稍有点儿差池，他就破口大骂，有时候还会踹上几脚。原本规定八小时的工作时间常常无缘无故延长，有时要工作十几个小时，这些都让胡山十分不满。因为连续几天的加班，胡山身心俱疲，心中对张哥的怨恨也越积越深。在操作挖掘机的时候，张哥又在下边辱骂起来，胡山的愤怒情绪就像是气球，在张哥的辱骂声中不断膨胀，最终爆炸。怒火中烧的胡山操作着挖掘机的"铁臂"向张哥甩去，将张哥撂倒，随后一铲子向其头部铲去，顿时鲜血四溅，张哥当场身亡。

当看见张哥鲜血的那一刻，愤怒中的胡山突然清醒了过来。他害怕得不知所措，呆坐在挖掘机驾驶室里。直到警察赶到现场时，胡山依然神情恍惚。几天之后，他的精神才稍有好转，在接受审问的时候，他十分后悔，抱头痛哭。

胡山将自己应对委屈的方式付之于愤怒，虽然是值得同情的，但也不得不感叹，他是用最差的方式来处理自己的情绪。如若他在被压榨或者欺负的时候，选择正确的解决方法，比如找民警协调，带领工友跟张哥谈判，或者干脆不在这个工地上干等，都能够维护其正当利益。然而，他没能控制好心中的怒火，不仅害了他人的性命，还害了自己的一生。

有些事情，当我们头脑清醒的时候是绝对不会去做的，而怒火中烧的时候，却认为非做不可。当怒火熄灭的时候，有些人甚至都不知道自己是怎么把这些事情做出来的。当愤怒将理智吞噬，人们就像一台程序错乱的电脑，失去了控制，因此常常做出一些令人追悔莫及的事情，而这些事情可大可小，严重时就会发生以上的惨剧。

怒火中烧的人就像一辆失控的高速汽车，横冲直撞，具有超强的破坏力，一个不小心就会酿成惨剧。因此人们要懂得克制自身的怒火，远离愤怒。研究表明，愤怒持续的时间不超过 12 秒钟，如暴风雨一般，在爆发时有着摧毁一切的能力，不过过后就会风平浪静。因此人们要学会在这关键的 12 秒内，克制住自己的怒气。不妨从心里默数十个数，注意最好不要从 1 数到 10，可以打乱顺序像 1，4，5，9，14……在数数的同时做点加减运算，让你大脑的理性苏醒，注意力转移，有时候推迟愤怒就是控制愤怒。

当你让愤怒做决定时，后悔就会找上门

人从一出生就在做各种各样的选择题，小到吃什么饭，大到人生抉择，都需要我们权衡比较，然后得出结果。做出正确的决定，事情就会朝着好的方向发展；做出错误的决定，往往会导致事态恶化。为了确保未来生活的质量，人们在做重要决定的时候往往十分慎重。而愤怒往往会击溃人们的理智，导致人们忽视最基本的判断与核实的步骤，从而将我们引向一个错误的方向。

不管多大年纪的人，在愤怒的时候都会变成三岁的小孩，言行举止不懂节制，表现失态，从而做出愚蠢的决定。

有这样一个故事：

在长白山脚下，住着一位年轻的猎户。猎户的妻子体弱多病，在生完孩子不久就过世了，因此猎户开始照料襁褓中的婴儿。猎户白天需要到山上打猎，因为外面环境恶劣，不能将孩子带到身边。好在家中有一条聪明又善解人意的猎犬，能够很好地照料孩子。有一次，猎户像往常一样到外面去打猎，很晚才回家。刚一推开门，猎户就闻到了一股浓浓的血腥味。接着猎户看到了满身都是鲜血的猎犬欢快地向他跑了过来。男人赶紧跑到摇篮跟前查看，发现孩子不见了。悲痛之下，猎户以为一定是猎犬突然兽性大发，将孩子给吃掉了。于是就愤怒地拿起枪将猎犬给杀掉了。

心力交瘁的猎户，看着满地狼藉，心烦气躁。就在这时，突然听到了孩子的哭声，哭声是从床下传来的。猎户扒开摇篮，发现孩子正好端端地躺在床下，而摇篮正好将孩子挡住了。看到安然无恙的孩子，猎户才知道自己错怪了猎犬。但是猎犬为什么会把家里弄得乱七八糟呢？猎户百思不得其解。这时候，邻居大喊着跑了过来，说家里躺着一只全身被咬得血肉模糊的野狼。猎户这才明白，原来他出门的时候，有一只野狼突然来到家中。猎犬为了保护孩子将他藏在了床下，还用摇篮遮挡了起来，之后与野狼发生了激烈的搏斗。后来野狼可能由于身体虚弱，败下阵来，逃往了邻居家，结果因为受伤严重而死亡。看到地上躺着的猎犬的尸体，猎户懊恼不已，号啕大哭。本来猎犬因为自己成功地保护了小主人而向回到家的主人邀功，结果却被主人误会而打死了。

猎户在愤怒之下，冲动地杀死了忠心的猎犬。猎犬虽然是动物，但是待在人类身边的时间长了，也就能够懵懂地感知人类的感情了。如果猎户能够冷静下来，认真分析一下情况，恐怕就不会失去一个忠心的好伙伴了。

愤怒时做出的决定，后果往往是我们无法承受的。几乎所有的恶性事件都是由在生气的时候做出了冲动的决定而引发的。人在嫉妒愤怒的时候，总会想方设法地去发泄，而带有毁灭性质的行为最能够达到发泄情绪的目的，因此在愤怒时做出的决定往往是极端的。这样的决定常常只是单纯地以宣泄情绪为目的，而当人们冷静下来之后，就会发现生气并没有解决任何问题，还增添了不少新的问题。因此，**当你生气的时候要学会克制，不要随意做决定，等心平气和之后再做决定也不迟。**

戾气不是打开人生的正确方式

戾气，是中医中的一个名词，可以理解为暴戾之气，是一种病态的心理。一个戾气太重的人就像是火药，一点就炸，不仅炸伤自己，还会危及他人。有着这种心理的人，往往心里阴暗，一言不合可能就会做出十分偏激的事情。戾气是一种典型的负能量，轻则使人心情不悦，重则"杀人于无形"。如今社会节奏快，人们压力大，戾气似乎找到了生存的土壤，鬼鬼祟祟随时准备发出"毒芽"来。人生不如意事十之八九，遇事能够稳住心态才是王道。

2015 年 8 月，在浙江温州第一桥"火锅先生"餐厅发生了一起震惊全国的事件，引起了全民的关注。

这件事是这样的：

林女士和朋友、亲戚到餐厅就餐，当时吃的是火锅，因为火锅里的水快要烧干了，就喊服务员加水。服务员朱某当时在 C1 区点火，过来看了一眼，觉得锅里还有水，就说了一句："锅里还有水啊。"说完就去给 C1 区的顾客端锅底，随后才回来给林女士加汤。因为晚了一些，林女士很不高兴，冷言冷语道："你怎么这么慢，服务态度这么差，把你们店的经理叫过来，我要投诉你！"林女士边说边瞪朱某，让他很不舒服，于是朱某说："不要把你的那种心情带到我的工作当中来。"

随后，服务员朱某就离开了，也没有将经理叫过去。不过没过多久，徐经理就找到了朱某，说有顾客在微博上投诉。朱某听了觉得十分生气，于是就找林女士理论："为什么你投诉到了微博上？我有什么做得不对的地方你说一下，能不能把微博删掉？"可是不管他怎么说，林女士坚决不删微博，还冷言冷语地讽刺了他一堆话。

感觉自尊受到侮辱的朱某十分气愤，一时间怒火涌上心头。他跑到了开水间，用高脚杯接了一小杯开水。当时徐经理已经注意到朱某的情绪有些激动，及时发现了情况，倒掉了高脚杯里的水，并劝说他不要把这件事放在心上，让自己不高兴。说完，徐经理以为没事了，就走开了。

没想到朱某的怒气并没有因为徐经理的劝说而减轻，在徐经理走开几分钟之后，他直接拿装火锅材料的那个小器皿到开水间接了 99 度的热水，走到林女士身边，从头上淋下去！

滚烫的热水从林女士的头部流遍上身，肩膀、胳膊瞬间通红一片，现场响起林女士的惨叫声。几分钟之后，警察和救护车赶到现场。警察不费吹灰之力便将凶手抓住，林女士却因此付出惨重代价，全身42%重度烫伤，年轻美丽的她被毁了容。这个惨剧仅仅起因于一件微不足道的小事。

看完这件事，不得不说冲动是魔鬼，因为一言不合就做出了对双方都不利的行动来。冲动给人带来的负面影响远远大于我们的想象。在精神分析中，有一句很经典的语句：你感受别人攻击你，其实是你对他的攻击投射。简单来讲，你觉得别人在攻击你，不是别人真的攻击你，而是你对他有攻击性。道理说不清时，人们会觉得谁的声音大、拳头硬，就能取胜。这就是戾气的来源。

生命如此短暂，没必要为了一些无聊的人和事激怒自己。当有人的言语让你觉得受到伤害的时候，不妨站在第三方立场，思考全面一些，不要因为戴着墨镜仰视天空，就以为乌云滚滚大雨将至，而忽略了镜片后灿烂的阳光。

要相信，现实虽然有些不尽如人意，但是生活是自己的，与其充满戾气激进地消磨自己，不如为了一些小幸福而尽自己所能。这些是由你自己来选择的。在选择之前，再送上蔡康永的一段话，希望能让你有所触动，大意是：森林不残酷吗？有灾病猎杀，而动物兀自美丽着。宇宙不残

> 复旦教授陈果说过："尽量不要走极端，办法总比困难多，你觉得好像没有办法了，必须要走极端的时候，请你挺住、忍住，再等一等，也许柳暗花明之中，还是有一个办法不需要你走极端。"

酷吗？荒寂无止境，而星辰兀自美丽着。社会也残酷的，人死罐破，井干路绝，而人还是美丽的。我捡拾善意，如捡拾蛛网垂挂的露珠，时光压出的琥珀，我知道我不能仰赖陌生人的慈悲，但如果遇到，我会珍惜贮存，因为还有来日。戾气，从来不是打开人生的正确方式。

不要让愤怒无处安放

每个人每天都处在情绪的影响之下，没人能够真正地摆脱情绪而存在。良好的情绪能让我们每天都活得多姿多彩，而恶劣的情绪则会让我们觉得每天都在黑暗中摸索前行。

情绪心理学认为，只有少数情况下，愤怒是对愤怒者的保护。当一个人的底线（尤其是人格尊严）受到侵犯时，表达愤怒是对侵犯者的强烈抗议，可以有效地维护自己的权益。但是，更多的情况是，发怒不仅对别人不利，还可能引发对方的不愉快情绪，更有害于自己的身心健康。

美国心理学家阿尔伯特·艾利斯曾总结了"愤怒情绪的惨重代价"，共六条，分别是：破坏亲密关系（包括夫妻、亲子、朋友等）；破坏工作中的人际关系；降低了解决问题的效率，让情况变得更糟糕；引发攻击行为，造成不良后果；可能引发心脏病，对身体造成严重损害；带来精神痛苦，如抑郁、内疚、窘迫、失控感等。

很多时候，我们也明白愤怒情绪的危害，但是不懂得如何表达自己的愤怒。其实愤怒也可以表达出来，一味地隐忍并不是解决愤怒情绪的正确方法。当愤怒不可避免，我们要做的并非是压抑愤怒，而是找出引发愤怒的情绪，在愤怒之前消除这些情绪，去掉愤怒带来的消极影响。美国心理学博士马歇尔·卢森堡在《非暴力沟通》一书中，为我们提供了表达和化解愤怒的方法。

1. 重新审视自己的处境

在情绪激动的时候，不妨先问一下自己怎么了，这将有助于你认清你所处的环境与外部发生的事情。你要搞明白到底是什么让你如此生气，并准确地将自己的感觉描述出来，比如："我生气是因为在我需要被倾听的时候，你却总是没有时间。"

2. 理智做出选择

愤怒情绪给人的感觉并不好受，同时会促使人尽快做出决定。一个让你觉得难受的时刻，却也是一个做决定的重要时刻。理智地进行选择是人们成熟的一个必要条件。在选择的时候，要保持冷静和理智，勇于承担应有的责任。当然也不要着急做出决定，比如"我更想你现在离开让我安静思考"。这也是你的一种选择。

3. 做出主张

人们之所以会生气，往往是由于自己一直坚持的观点受到了威胁或者跟他人发生了冲突。你可以这样表达："我们双方都有空闲是重要的。""这是我认为必需的。"当你这样说的时候会有一种力量出现："我坚信我所说的值得去听，并且是有关系的。"

4. 让人们敞开心扉

这一点包含人们在人际关系中所期待的需求、期望或者环境。我们没有权利去要求任何人改变，因此要尝试着接纳和理解别人的意见。问题的关键是要懂得保持一颗开放的心，即使别人的行为并没有改变。这表明，"尽管我们会不同，我仍然感谢你就是你"。我们也必须允许他人讲（因为听本来就是一个有价值的行为），没什么能比得过它了——"我在听"。

5. 给自己一个合理的定位

在了解了自己的需求与个人价值之后，就需要我们更好地懂得把控自己的情绪。要知道，我们要做的事情很多，而与别人交往中，很多时候争论是没有意义的。我们没必要把精力耗费在一些无用的争论上。即使见解不一样，有时候也不妨迎合他人的一些观点。

除了以上方法之外，在愤怒的时候，或许也可以来点阿 Q 式精神，在心里告诉自己："别人针对我，那是因为我比他们强。"这些方法都

能够让人们认真地审视愤怒，快速从愤怒中走出来。每一种选择都影响我们的未来，我们要避免将最好的自己抵押给最不值得的对象。天下可以激起你愤怒情绪的东西有很多，如果碰到墙，绕道走就是了，毕竟人是活的。

★测一测：你正确表达愤怒了吗

你能够分清愤怒的表达与攻击行为吗？你了解如何正确地表达愤怒吗？通过下面的测试题测试一下吧！下面的描述，同意得 1 分，部分同意得 2 分，不同意得 3 分。

你从未或者很少发脾气。

你并不愿意表达愤怒，因为大部分人会将它误解为仇恨。

你不愿冒着失去朋友的危险去表达愤怒，因此往往会将自己的愤怒掩盖起来。

没有人能够靠大发雷霆在辩论中获胜。

你愿意自己解决怒火，不愿意向他人倾诉。

遇到让人沮丧的场景会忍不住发怒，成熟的人或者高尚的人是不会这么做的。

你对某人正发怒的时候，处罚他并非是个明智之举。

发怒的时候越说就越容易愤怒，会将事情变得更加糟糕。

发怒的时候，你往往会掩饰过去，因为担心自己在愤怒的时候会出丑。

当面对亲密的人的时候，如果感到生气会通过一些方式表现出来，即便这样做很痛苦。

答案分析：

A. 10—16 分，对于如何处理情绪，你并不擅长，尤其不懂得如何处理愤怒来改善与他人之间的关系。或许愤怒会让你内疚，尤其是亲密的人惹你生气的时候。记住，当你感到愤怒的时候，要懂得通过恰当的方式在当时将愤怒表达出来，这远胜于你事后念念不忘地想要报复。

B. 17—23 分，你基本可以处理好情绪。你基本掌握了如何表达愤怒才能烟消云散及这样做的理由，不过在有些情况下依然无法处理好与他人的关系，无法了解对方的感受而惹对方生气，你有着不小的改进空间。

C. 24—30 分，你是处理情绪的高手。你认同愤怒情绪的存在，并能够很好地将愤怒表达出来以维护人际关系。因此在你身上基本不会发生因为愤怒而跟他人发生纠纷的情况。处理事情很有方法，懂得体谅他人感受的你，有着不错的人缘与口碑。

第4章 与其抱怨不如改变，
没摘到花朵依然可以拥有春天

人生的成与败都掌握在自己的手中，与其抱怨，不如改变。只有消化了坏情绪，才能拥抱好运气；只有把握好情绪，才能把握好人生。相信，改变的你必将更加优秀。

与其抱怨，不如改变

很多人都在讨论幸福，都在寻找幸福，但是得到的人很少。其实幸福就在我们身边，决定我们是否幸福的关键在于我们的心态，而并非我们的遭遇。有些人，一遇到不称心的事情就抱怨，让坏事变好事的可能性不大，好事变坏事的可能性倒是不小。

有两个在天津读书的大学生，相约周末到北京游玩。甲同学建议，周末可能人很多，我们还是提前买火车票吧。乙同学则认为自己去过北京很多次，也是在周末，每次去人也不少，但是每次火车都有座位，所以不用担心，不用提前买票。第二天，两个人提前到了火车站买票，却发现坐票已经售完了，只有站票了。两个人只好买了站票，一路站到了北京。

当天天气很好，乙同学也做了很多规划。可是甲同学一路抱怨，说如果不是乙同学不听自己的话，就不至于一路都站着了。即便到了北京，甲同学还是一路不依不饶。乙同学本来就很内疚，听了甲同学的抱怨，心里就更加难受了，一路上沉默不语，两个人计划好的北京之旅也在郁闷中进行，以郁闷告终了。后来，乙同学再也不愿意跟甲同学一起出去游玩了。

　　碰到不合自己心意的事情，尤其是在别人犯错影响了自己的情况下，很多人都习惯性地抱怨他人，表达自己的愤懑，借以推脱掉自己的责任，殊不知往往抱怨才是大煞风景的事情。就算没有买到坐票，一路站到了北京，其实一点也不影响行程和安排。甲和乙依然可以开开心心地去逛他们已经计划好要逛的地方，带着好奇与喜悦去享受游玩的乐趣。

　　一味地抱怨只会将原本的好心情搞坏，路上的事情已经成为过去，现在才是最好的风景。三毛说过："偶尔抱怨一次人生可能是某种情感的宣泄，也无不可，但习惯性地抱怨而不谋求改变，便是不聪明的人了。"

　　当怨恨之情占据我们的心灵，抱怨紧随其后的时候，不妨静下心来，站在对方的角度去想一想。抱怨除了使双方的情绪变坏之外别无用处，有时甚至会越抱怨情况越糟糕，导致双方关系破裂或留下伤痕。因此，无论怎样比较都会发现原谅是一个有益的选择。当我们谅解他人的过错时，也释放了自己的内心，同时也赢得了对方的尊重与信任。

　　历史上，那些功成名就之人哪个不是受尽了委屈、吃够了苦头？但是，他们遇到困境，大多不去埋怨环境、回避现实或怪罪他人、打击报复，即使自己有理，也不会理直气壮地得理不饶人。

　　北宋大文豪苏轼曾多次被他的政敌章惇迫害，一路被贬。最远的一次，被贬到了海南。当时的海南是个十分荒僻的地方，生活条件极端艰苦，瘴雨蛮风，九死一生。恶劣的气候环境，折磨、考验着苏轼的身心和意志。可是，在绝境中，他也依然云淡风轻，一笑置之。被贬海南的第三年，宋哲宗驾崩，宋徽宗赵佶继位，朝廷大赦天下，苏轼得以离开海南。天道公允，造化弄人，苏轼遇赦复官之时，正是章惇被贬流放之日。

苏轼回来后，章惇的儿子章援害怕苏轼以其父之道报复，于是给苏轼写了一封请求网开一面的信。苏轼在回信里写了这样一句话："但以往者，更说何益。"是啊，已经过去的事情，再去计较又有什么用呢？苏轼非但没有报复章惇，还给他寄去药方，要他保重身体。可见苏轼的胸襟。

生活中总有不平事，与其抱怨，不如祝福；与其计较，不如放过。很多时候，我们用不同的心态去看待就会有不同的结果，有些事情既然已经无法挽回了，就没有必要为了一些无法挽回的事情再赔上一份好心情。

不管你此时的生活怎么样，请记住，幸福从来就没真正地离开过我们，我们没有任何理由让自己不快乐。人生的快乐取决于自己的内心，人生的成功掌握在自己的手中。与其抱怨，不如改变。相信，改变了的你，必将更加优秀。

永远不要等别人来成全你

人生最大的悲哀就是将自己生命的主动权交到了别人手里，只有敢于承担自己的人才有资格去选择人生。世上所有的希望都是自己赋予自己的，你是撑起自己的唯一力量。

一项针对企业员工的调查问卷显示，有70%的人对自己现在的工作并不满意，有超过一半的人对未来感到迷茫。这项数据似乎正好说明了为什么有那么多人常常将抱怨工作挂在嘴边。当然，还有一些人将抱怨埋在了心底，或者消极怠工。这种工作的情绪如果一直放纵下去，必然成为职业发展道路上巨大的绊脚石。

其实人们如果因为对工作不满而抱怨，正好说明现在是充实自己的时候了。你的抱怨往往来源于你的短板，只要积极去改进，就能够有效地提升自己的能力，自然也就不会因为工作上的困难而抱怨连连了。

在工作之外，还有不少人在抱怨生活，由于各种不顺心的事情而心生惆怅，情绪低落。一个人抱怨的时间长了，心就荒芜了，不利于个人能力、素养的提升。世上没有人会因为受到他人的怜悯而获得成功，因此一切抱怨都不过是在浪费口水和时间。

出生在美国一个贫困小山村里的戈林，并没有接受过多少教育。为了能够生存，他在15岁的时候到一个建筑工地干活。第一天到工地的时候，戈林就下定决心要成为工地上最优秀的人。

当其他的工人每天一有空闲就抱怨工作辛苦、环境差、薪水低的时候，戈林并不参与其中，而是独自坐在一个角落自学建筑学知识。晚上回到家之后，戈林也抓紧时间学习。他抓住一切空余时间不断地充实自己，他知道机会都是留给有准备的人的。

果然，有一天，经理到工地检查工作，恰好看到了戈林正在看书，他走过去，拿起戈林的书翻了翻，就一声不响地离开了。第二天，经理就将戈林叫到了办公室，然后问他："戈林，你为什么如此努力地读书呢？"

戈林憨厚地笑了笑，然后认真地回答："我认为公司并不缺少干活的人，而是缺少那些又有工作经验且专业知识过硬的技术人员和管理人员。我想要成为那样的人，想要被委以重任。"

经理认真地打量了戈林一番，点了点头表示认同。随后，在对戈林考察了一番之后，戈林被提升为技师。当时那些平时只会凑在一起聊天抱怨的人并不看好他，甚至对戈林的升职表示不屑。当然，也有些人开始抱怨自己不走运，错失了升职的机会。

此后，戈林并没有因为升职而骄傲自满，他更加加紧了自己的学习。他很清楚，自己并非是在为别人努力，而是在为自己的梦想打拼。只有自己的能力远远超出薪水的时候，才能够被重用，才能与机会相遇。

多年之后，戈林凭借自己的坚定信念，升为公司的总经理，在业内有着很高的声望，而这一切，不过是他自己成全自己的结果。

有些人会为眼前的利益锱铢必较，却忽视了更长远的打算。戈林就是因为有了长远的计划，在别人抱怨的时候，选择默默付出，最终成功降临到了他的头上。不去抱怨，而是用自己的实际行动去改变现状，是很多人获得成功的秘诀，也是给后来者的启示。

通过上面的故事，我们可以从戈林的身上学到两点：第一，境遇再差，也不要随波逐流，要树立一个明确的奋斗目标，并为之付出努力；第二，在向目标不断努力的过程中，不被周围环境所干扰，一心一意地去努力。

人生就是一个不断努力的过程，不要将自己的希望寄托在他人身上，没人会对你的愿望负责，能够帮你赢取胜利的只有你自己。你的努力与付出，终将成就一个无可替代的自己。不要去抱怨眼前的种种，管理好你的情绪，用积极的心态去面对挑战，必然能够改变你的命运。

失意时，请不要让自己变形

现实世界中没有化腐朽为神奇的魔法，也没有可以帮我们迅速跳出危机的超能力，更没有可以拯救我们的神队友。很多时候我们都很普通，也很平凡，人生并不会经历什么大风大浪，也不会随时具备主角光环，不过能够通过自己的不放弃和汗水兑换很多东西。很少有人具备翻天覆地的能力，不过每个人在遇到打击的时候，都有让自己不变形的能力，尽量克制自己的情绪，在处于命运最低谷时，保证自己不听天由命，最后失去了自己。

在得意之时不变形的人让人敬佩，但是在失意时依然能够保持不变形的更加可贵。相较于得意而言，那些在困难面前没能完成逆袭但是依然能够保证自己不变形的人更加不易，因为我们的生活向来充满寥落无奈的失意，却从来少有意气风发的得意。

人的一生十有八九不如意，放眼望去，每个人几乎都有压在心底不愿诉说的痛苦。有的人疾病缠身却无钱可医，有的人家庭残缺无人可依，有的人进入职场多年却收获甚微，有的人看透了情场婚姻不易。不过当你认真观察这些人的时候，就会发现这些人虽然经历着烦恼，但也不是每天都在唉声叹气地抱怨。

你会看到，虽然艰难，虽然困苦，但大多数人都还是对生活报以微笑，不管是强装的笑容也好，还是发自内心地对未来充满希望也罢。每个人的眼神都是带有希望的，都是向前看的，他们可能暂时停滞不前，甚至有些倒退，但是他们依然善良，依然愿意相信明天，相信自己的能力足以让自己摆脱现状。

于普通人而言，脚踏实地的努力是最靠谱的改变现状的方式，比闹情绪，比什么都不干只知道掉眼泪更加有价值。

曾经有这样一个青年，他年少辍学外出打工，好不容易用自己的汗水换来了一些积蓄，娶得佳人归，岂料新婚不足半月，新娘就偷偷带着数万元的彩礼钱与满身的首饰，以逛街为由，一去不复返了，连新娘的父母都消失得无影无踪。青年是个憨厚老实的男子，到外面寻找了数月，也无果而终。

当地的彩礼钱数额很大，娶妻的时候已经花光了全家所有积蓄，几年之后，他都没有足够的钱再次成家，不仅如此，他还成了当地人茶余饭后的谈资，虽然表面上大家都在同情他，但是背地里所有人都把他当笑话。年迈的父母经受不住打击，一病不起，原本就已经出现危机的家庭，变得摇摇欲坠。

可是生活还要继续，并不会因为可怜他而给予他半分厚待。不管怎么样，都不气馁、不消极，是身处社会底层而忠厚朴实的人们悟出来的一套简单的生活哲学。他东拼西凑花钱买了一辆二手面包车，开始在当地跑出租，每日往返在几十里山路上，尽心尽力地挣钱养家。生意不好的时候，他就开车带着父母到山外去散心，虽然日子很平淡，但也在不知不觉中开始有了起色。

这个青年不过是一个名不见经传的农村小伙，没有太多文化知识，也没有惊人的能力，但是他有着最质朴的坚持，让自己在屋漏偏逢连夜雨的打击面前，不自我放弃，不矫情，不对未来失望，就像一只漂在海上的船，虽然失去了船桨，也不随波逐流，而是选择用自己的双手作桨，划往自己选择的方向。

如果有什么事情让你一睁眼就各种纠结、各种哀叹，不要紧，只要你还能与人为善，微笑着进入生活的一餐一饮一花一木里，你就有战胜这些困难的法宝。我们虽然只是个普通人，却都有着不普通的故事。

人们总说世事难料，上帝总是会不经意间误伤好人，但是贵在人们不会为一些伤痕而斤斤计较。面对那些足可以击垮自己的事情，他们能激活自己的韧性，不让自己的悲伤情绪爆发，用一个名叫希望的胶水让可能支离破碎的现状重新变得牢固。

心存希望，就能配得上世上一切美好

心理学家哈利·爱默生·佛斯迪克博士指出："生动地把自己想象成失败者，这就足以使你不能取胜；生动地把自己想象成胜利者，将带来无法估量的成功。伟大的人生以想象中的图画——你希望成就什么样事业、做一个什么样的人——作为开端。"

世界由两类人构成，一类是意志坚强的人，另一类是意志薄弱的人。前者有着与生俱来的坚强特质，不管他们做什么工作，都勇于面对困难与挑战，勇于将自己从负面情绪中拯救出来。后者在遇到困难与挫折时总是逃避，甚至自暴自弃，整日与痛苦为伴，让自己在负面情绪中沉沦。

1976 年 8 月 26 日，本·康利遭遇了他人生的第一个转折点。因为大雾的缘故，他所乘坐的小皮卡与一辆 18 轮的巨型货车相撞。那年他刚满 15 岁。

那天早上，本的父亲本尼·康利二世嘱咐儿子将一些工具运到工地上去。可是本当时有些抗拒，认为明天直接带过去就可以了，没有必要跑一趟。但是本尼还是坚持让儿子将工具运到工地上去。也正是因为本尼的督促和小小威胁，那天早上本和父亲工厂里的工人戴尔才会驾驶着皮卡出现在大雾弥漫的十字路口，才会遭遇交通意外。

本尼陷入悲伤和悔恨之中无法释怀，他一遍一遍地说："都是我的错。"恨不得代替儿子躺在病床上。

医生诊断之后，认为本的情况是刽子手式骨折，因为受伤的地方正好是刽子手对死囚行刑时选择的下刀处，砍断后就破坏了通往肺部、心脏和其他重要器官的神经通道，囚犯会很快死去。不过，幸运的是本的脊椎并没完全断裂，所以医生称为不完全性损伤。

虽然本并不觉得自己是幸运的，但是医生说："你还能呼吸，这就是好的迹象。"

"医生，我什么时候能走路？"本问。

"很难说。"医生回答，看到本和父亲脸上的绝望表情，他又补充说，"孩子，你听我说，你要努力康复，知道吗？如果你的脚趾能动了，我就会告诉你什么时候能下地走路。"

医生虽然给本注入了信心，但是本并没有因此而振作，后来在治疗过程中的一系列并发症更是让他对未来失去了信心。两个月以后，他依然无法动一动脖子以下的任何部位，这让他开始绝望。

一天，本的情绪终于崩溃了，他哭了起来，抽泣声越来越大，后来演变成了大喊大叫。护士们都想安慰这个可怜的孩子，但是不管她们怎么说都无济于事。本在大喊大叫之后开始咒骂，咒骂每一个人，这种情况持续了将近四个小时，后来，为了不影响其他病人，护士关上了门，并叫来了保安。

面对保安，本大喊："掏出警棍打我啊！照我头上打！打我啊！杀了我吧！我不愿意一辈子都躺在病床上！"

保安低下头看着自己的鞋子，他也清楚本的情况，劝说道："孩子，你听我说……"

还没等保安说完，本就喊道："我知道你有枪，拔出来吧，让子弹穿过我的大脑！来啊，求你了，杀了我吧！"

前后加起来，本一共喊了将近六个小时，最后筋疲力尽晕了过去。他睡睡醒醒，哀叫不断。

第二天醒来，他眼前的一切都没有发生改变。他依然躺在同样的房间同样的病床上，脖子以下依然瘫痪。

可是，本突然领悟到了什么，心中出现了曙光。他突然意识到，自己可能无法改变外物，但是他能够改变自己。下定决心后，平静便涌上心头。他对现状的抱怨渐渐消散，开始试着去感激周围的一切，感激自己还活着。

本仔细考虑目前的处境，开始重新选择。他想起之前几个月中经常有人说："从来没有人遭受 C2—C3 脊椎损伤还能活下去……"

"我要证明给他们看，"本心里想，"我不仅要活下去，还要活得成功。"

原本怀着巨大内疚的父亲，看到了本的转变，心情也开始变好。

38 年过去了，本不仅活了下来，还遇到了一位美丽的女人。本说："我能遇到罗温然后恋爱，对于爸爸来说意义非同一般，他按照《滚石》杂志后面的广告去做了牧师认证，亲自担任我们的主婚人！"

"我是自己见过的最快乐的人。"本如是说。

本·康利的事迹告诉我们，抱怨并不能改变什么，但是快乐能够改变一切。与其为自己的遭遇而不断抱怨，不如换个角度去看待问题，让自己换个心情。快乐是用心去做的问题，而不是身体能不能去做的问题。只要你愿意，你配得上世上一切美好，即便没有摘到鲜花，依然可以拥有春天。

抱怨是传播霉运的病毒

抱怨是一种消极的情绪状态，常常抱怨的人往往并不能意识到抱怨给他们带来的危害，他们认为抱怨不过是说几句"情绪话"罢了，说出来心情也就痛快了，既不影响工作，也不影响生活，没什么大惊小怪的。

这种爱抱怨、有抱怨习惯的人，也许连他们自己都没有意识到抱怨的威力有多大。他们甚至没有意识到自己抱怨的频率会有那么高，自己就像是一个负能量的传播者，不断将自己的负能量传播给同事、朋友、家人，这样不仅不会让自己的情绪好起来，反而会给自己的前途带来不利的影响。

高中毕业之后，杰克和托尼在一个建筑工地上干活，他们已经在这里干了五年了。在失去了对工作的热情之后，杰克开始整天怨天尤人，看什么都不顺眼，而托尼每天都活得很快乐，他总能从工地上找到新的乐趣。

有一天，两个人坐在一起吃午餐，杰克打开饭盒之后，又开始抱怨起来了："哎，又是鸡蛋蔬菜汉堡……我最讨厌吃鸡蛋蔬菜汉堡了。"

第二天，两个人又坐在一起吃午餐，杰克一边打开饭盒，一边又抱怨道："今天天气都要热死了……哦，天哪，怎么又是鸡蛋蔬菜汉堡？

为什么我总要吃这么讨厌的食物呢？"

第三天，托尼多准备了一些食物，午饭的时候请杰克一起品尝。

杰克一边道谢，一边抱怨道："你看，你的午饭多么丰富，总是变着花样，而我每天只能吃讨厌的鸡蛋蔬菜汉堡。真是受够这样的日子了。"

托尼实在忍不住了："嘿，老兄，为什么不让你太太给你做点其他的呢？"

杰克仿佛没有听懂托尼的话，愣了半天，满脸疑惑地说道："嘿，哥们，你在说什么？我的午餐都是自己准备的。"

"啊？"托尼感到十分吃惊，忍不住说道，"那你为什么不给自己做点别的呢？""唉，可是做别的都好麻烦。"杰克似乎显得无可奈何。

得到这样的回答之后，托尼只能摇摇头，不知道说什么好。那之后，杰克依然每天牢骚不断，一边干活一边抱怨。而托尼似乎对工作中的技术问题产生了兴趣，甚至对那些其他环节的工作，也一有空就在旁边观摩学习。

一天，老板的朋友——一位教授来到工地考察，教授在工地上与大家交谈起来，他问托尼与杰克："你们是如何看待自己的？"

杰克好像终于找到了可以发泄抱怨的渠道一样，一个劲地对教授说："谁干活不是为了挣钱啊，要不是为了谋生，混口饭吃，谁愿意干这种又脏又累的活啊，一天下来累都累死啦，还挣不了多少钱！"

托尼却说："教授，你别看我们整天跟钢筋水泥打交道，你想一下，用它们盖好的房子该多么漂亮啊！想到这里，我就很兴奋！等到它建成之后，教授您可千万不要忘了，这么漂亮的建筑是我们建成的呢！"

听到托尼的回答，教授忍不住笑了，他后来见到这家公司的老板，特意提起了托尼，告诉他说："你千万不要忽视那个叫托尼的小伙子，他适合去做一些更有价值的工作。"

后面的发展自然就像我们想的那样——托尼得到了重用，而杰克依然做着搬砖的工作，并且每天抱怨连连……

当抱怨的恶习已经深入骨髓的时候，就像故事中的杰克一样，连他们自己都不知道自己在抱怨什么——是天气？是午餐？还是工作？他们只是将抱怨当成理所当然的事情，他们不知道自己的做法和想法有什么不对。抱怨，就是这样一种威力强大的"负面强化"。爱抱怨的人，眼睛里盯着的永远是负面的事物、负面的感受，从而把自己装入了"牢笼"！如果一个人总是在诉说自己的不幸，那么他就会一点点失去想要改变现状的能力，让自己被抱怨束缚了手脚，乃至身心。

习惯抱怨的人往

往没有意识到自己在抱怨的同时，也把负面的事情吸引到了自己身边。如果你的思绪总是围绕着痛楚、悲惨、孤单、贫穷和倒霉来展开，那么，强大的"负面能量"就会把你的命运引向凄惨和不好的结果。因为人的心灵有这么强大的威力，所以，人的抱怨也会有这么强大的威力。"爱抱怨的人总是和倒霉同行"，这已经成为生活中一个常见的现象，一个尽人皆知的事实。

★情绪宝典：迅速转变糟糕情绪的小技巧

美国心理学家总结了一套快速让人们从糟糕情绪中摆脱出来的小技巧，我们不妨学学看。

1. 抬头挺胸

在很多心理学家看来，在矫正人们的头脑之前，需要先矫正自己的姿势。人们认为，生理与心理有着密不可分的关系。比如，当我们心情低落的时候，就会显得没精打采，垂头丧气；而情绪高涨的时候，就会抬头挺胸，昂首阔步。因此姿势对情绪的影响也至关重要。

当一个人抬头挺胸的时候，呼吸会变得比较顺畅，而深呼吸是减小压力的方法之一。当我们抬头挺胸的时候，大脑就会自动做出判断，认为人们心情愉悦，从而改变我们的情绪。

2. 用轻快的语调说话

在人际沟通中，语调至关重要。我们的声音往往也会带有情绪性，不同的语调可以传达不同的情绪和意思。比如当我们接电话的时候，大声向电话那边吼一声，可能对方还没开口，已经感受到你的火气了。

在说话时注意说得轻快一些，并不断暗示自己是个幸福快乐的人，做得久了也就"弄假成真"了。

3. 用积极正面的字眼来取代消极负面的字眼

人们所说的话，其实也极大地影响我们的态度与情绪。通常来讲，生活中所使用的字眼分为三类：正面的、负面的和中性的。

在使用负面字眼的时候，恐慌及无助的感觉就随之而起。心理学家研究发现，乐观的人很少会去使用负面的字眼，他们常常会用正面的字眼来表达意思。比如他们不会说"有困难"，而说"有挑战"；不说"我担心"，而说"我在乎"；不说"有问题"，而说"有机会"。

感觉是否完全不同了呢？一旦开始使用正面字眼，就能激发出自己内心的积极因素，更加主动地去面对生活。此外，乐观的人也会让一些中性的字眼变得更正面些。例如"改变"就是个中性字眼，因为改变有可能是好的，但也有可能愈变愈糟。试试看，如果把"我需要改变"，换成"我需要进步"，这就暗示了自己是会愈变愈好的，自然就乐观了起来。

4. 不抱怨，只解决问题

心理学家在研究中发现，乐观的人的烦恼要少于普通人，他们不愿意为了抱怨而浪费时间。

乐观的人不会去责怪挫折，或者抱怨自己运气太差，他们没时间去理会这些，因为他们认为不能因为抱怨，耽误了自己的进步。因此我们不妨将自己注意力的焦点放在解决问题上，而不是在纠结问题上。实际的做法，应是闭口不提"为什么总是我"，而用另一句话来代替："现在该怎么办会更好？"

在面对不如意的事时，只要改变这一个重要的思考点，你会发觉自己的挫折忍受力将大为增强，自己也会更容易从逆境中走出来，回归幸福。

第5章 拥抱不完美，
在真实的自我中感受美好

我们每个人都有自己的长处和不足，没有人是完美的，也没有人能够做到一切都很顺利。珍惜自己拥有的，学会享受每一个快乐的时刻，不要让那些不开心的事过多地占据我们的内心。

因为不完美，才有了否极泰来的感动

　　人生就是一场盛大的舞台剧，没有人能够将自己的角色演绎得毫无瑕疵。当我们面对生活留给我们的伤痕的时候，我们要做的不是嫌弃，也不是自怜，而是接受。一个故事总要留点遗憾，才足够让人麻木的神经重新恢复生气；时间染上了一些风霜，我们才能够体会阳光普照的美好。

　　"当命运的绳索无情地缚住双臂，当别人的目光叹息生命的悲哀，他依然固执地为梦想插上翅膀，用双脚在琴键上写下：相信自己。那变幻的旋律，正是他努力飞翔的轨迹。"这是感动中国人物颁奖典礼上的一段颁奖词。而说这段颁奖词的人，叫刘伟。

　　几年前有个叫作《中国达人秀》的节目，这个节目的宗旨大概就是选出活得最优秀的一些人，让他们在这个舞台上秀着自己的才艺，赢取观众的欢呼声！在节目上，刘伟成了首届冠军。他曾在舞台上，骄傲地说出："我的人生只有两条路，要么赶紧死，要么精彩地活着！"

　　刘伟的人生经历十分曲折。10岁那年，他在一次触电事故中失去了双臂。这样的事故对刘伟而言，无疑是一个巨大的打击。但刘伟并没有就此消沉，他坦然地接受了这个残酷的现实，并且凭借自己对生活的热爱，认真地活着。

12 岁的时候，他开始学习游泳，仅通过两年的学习，他就在全国残疾人游泳锦标赛上获得了两金一银的好成绩。当时他心心念念想要在 2008 年的残奥会上拿一枚金牌回来。可是天有不测风云，一场大病让他跟泳坛无缘。16 岁那年，他开始尝试用脚打字。19 岁那年，他找到了新的目标——钢琴。他开始疯狂地练习钢琴，仅用一年时间就达到了手弹钢琴业余 4 级的水平。2006 年的时候，他加入了北京残疾人艺术团，开始自己填词编曲。2008 年，他作为特邀嘉宾在"唱响奥运"节目中为刘德华伴奏。2010 年，他报名参加了"快乐男声"。2012 年 2 月 3 日他成为感动中国十大人物获奖者并获得"隐形翅膀"的称号……

在《中国达人秀》的舞台上，当袖管空空的刘伟走上舞台的那一刻，所有人都愣住了，不知道他要干什么。当他用脚在琴键上灵活地弹奏，优美的旋律从钢琴上流出的时候，现场一片安静，人们都不敢相信自己所看到的、听到的。表演完之后，人们才醒过神来，所有人都站起来向他鼓掌致敬。刘伟凭借自己超凡的毅力，将残缺的生命演绎到了极致。

接受自己的不完美，利用好现在所拥有的去缔造只属于自己的传奇，即便上天并没有给我们那么完美的条件。一切正如刘伟的座右铭所言："你的看不起，你的歧视，对我来说，是另一种成全。我告诉自己，我还是值得拥有最好的一切。"

有时候面对自己，往往比面对他人更难一些，我们可以对全世界明目张胆地虚伪，但是当我们独自面对自己的时候，却只有无法逃避的真实。每个人都不够完美，只是有些人能够坦然面对，有些人则反应过激，自怨自艾，将自己藏在了最阴暗的地方，难见天日。那种麻木而颓废的生活显然并不是我们想要的，我们要学会勇敢面对真实的自己，敞开心胸接纳不完美的自己。

在寂寞的时候，要给自己取暖；在软弱的时候，要给自己安慰；在得意的时候，要给自己警醒；在失意的时候，要给自己肯定……跟那个彷徨无措的自己说再见，用赞赏的眼光看待自己，让自己的价值得到最大的释放，这是你生活在这个世上的最好方式。

驱除自我否定的负面情绪

斯曼莱恩·布兰顿博士在其著作《爱，或者寂灭》中写道："适度的自爱，是一个人健康的反应；适度的自重，对工作和成功都将大有裨益。"缺乏对自己价值的认可，我们就会轻视自己。每个人都有昂首挺胸过日子的权利，这是一个生命个体应得的，也是一个人提升自我与增加自信所必备的，只有爱自己的人才能让自己的生活越发地充实与丰盈起来。

有人一碰到事情就会习惯性地逃避，将"我不能""我不行"作为口头禅，如此一来就越发不自信，越来越否认自己的能力。世上没有十全十美的人，也没有一无是处的人，自我否定是一种愚蠢的行为。

心理暗示有着极强的影响力，人们如果总是自我否定，那么就会不断传递消极信号，意识就会按照这个指示下命令，而人的潜意识就会不加分辨地将这个命令完全接受下来。

19世纪，一个穷困潦倒的法国年轻人从乡下流浪到了巴黎，准备去投靠父亲的一位好友。他希望对方能够给自己介绍一份工作，以便自己能够生存。

在简短的问候过后，父亲的朋友就问道："你有什么特长吗？精通数学吗？"年轻人摇了摇头。

"那历史、地理如何？"年轻人又摇了摇头。

"法律或者其他科目呢？"年轻人不好意思地低下了头。

"会计怎么样……"

面对一连串的询问，年轻人都是以摇头或者低头来作答，他用自己的举动告诉对方一个信息，那就是"自己一无是处"。不过父亲的朋友显然并没有因此而失去耐心，最后说道："那你把地址写下来给我吧，你毕竟是我好友的儿子，我一定会尽力帮你找一份工作的。"

羞愧至极的年轻人，打算尽快将地址写好，然后迅速逃离这个让他感到羞耻的地方。然而当他把地址交给对方打算离开的时候，却被对方拦了下来："年轻人，你的字真漂亮，这就是你的优点啊，你完全可以靠着这个找到一份满意的工作。"听到这里，年轻人满脸疑惑，不过他从对方的眼神中读出了认真与欣赏。

在返回住处的路上，年轻人一直在回想当时的场景，自己写的字居然得到了别人的称赞，说明自己并非一无是处。既然自己能够写出漂亮的字，那么也一定能够写出漂亮的文章。受到肯定与鼓励之后，他开始浮想联翩，越想越觉得自己前途无量，走着走着脚步都自信起来。

从那之后，年轻人开始抓紧时间自学，坚持写作。多年之后，这个原本觉得自己一无是处的年轻人成了一名享誉全球的著名作家，他就是法国文豪大仲马。

如果一个人长期被自我否定的负面情绪所包裹，那么他的工作状态就会越来越糟糕。这样的人一直活得十分矛盾，既怕别人看不起自己，又不敢大胆尝试，常常自己放弃一些可以展示自我、提升能力的机会。

很多人总是对自己的能力持怀疑态度，他们认识不到自己的优势，就像大仲马一样，总觉得自己一无是处。其实他们并不是没有能力，也不是素养不足，只是他们的才能被自我否定的负面情绪压制，以至于自己都没有意识到自己的能力。

如果长期处于一种自我否定的负面情绪之中，就等于给自己套上了无形的枷锁，束缚了自己前行的步伐。从心理学角度分析，过度的自我否定是一种自卑的表现。那些说自己什么都做不好的人往往无法出色地完成某件事，过度的自我否定让他们常常妄自菲薄，制约了自己能力的发挥。

客观正确地评价自己，看到自己的优点，你就会发现在自信的阳光下生活是多么快乐。

自卑是悲剧产生的根源

自卑是人人都可能会产生的消极情绪，一旦被自卑缠上，人们会觉得自己事事不如人，自惭形秽，妄自菲薄，做事束手束脚，才智与能力也无法得到正常发挥。自卑是堵墙，把阳光挡在了墙的外面。别因为自卑在心里扎了根，自己又没有勇气承受将自卑连根拔起的那种痛，于是遮遮掩掩地继续自卑着，那样只会让你变得很可怜。

威尔逊先生是一位成功的投资人，他从普通的小职员做起，经过多年的打拼，如今已经拥有了自己的公司，受到了人们的尊敬。

有一天，威尔逊先生打算到合作对象那里去拜访，刚走出办公楼，就听到身后传来"哒哒哒"的声音，那是盲人用竹竿敲打地面所发出来的声音。威尔逊停住了脚步，慢慢朝着声音发出的方向转过身去。

那盲人感觉前面有人，赶紧打起精神，走上前说："尊敬的先生，想必您一定发现了，没错，我是一个可怜的盲人，不知道现在能不能占用您一些时间呢？"威尔逊听后，说："现在我要去见一位重要的客户，你要说什么就尽快说吧！"盲人从包里翻腾了半天，掏出了一个打火机，摸索着放到了威尔逊先生的手里，说："先生，这个打火机只卖1美元，这可是一个不错的打火机啊。"威尔逊先生听完，有些失望地叹了口气，将手伸到了西装口袋里，掏出了一张钞票递给了盲人，说："虽然我并不抽烟，但是我愿意帮助你。这个打火机，我可以送给我的秘书。"盲人用手摸了一下递过来的钱，竟然是100美元。他有些不敢相信，反复确认之后，嘴里不断向威尔逊道谢说："上帝保佑您，亲爱的先生。您是我遇到的最慷慨的先生。"

威尔逊笑了笑，正准备离开，盲人又拉住了他，喋喋不休地开始讲述起来："可能您不知道，我并非天生就是瞎的，都是20多年前的那次

71

事故，让我沦落至此。"威尔逊先生一震，问道："你说的可是23年前那次化工厂的爆炸事件？"盲人觉得遇到了知音，连连点头说："对对对，您也知道这个事故？也难怪，当年死伤了那么多人，我现在想起那次事故，还心有余悸呢！"

盲人听威尔逊先生来了兴趣，觉得这是一次打动对方的好机会，说不定还能多得一些钱呢，于是接着可怜巴巴地说道："就是因为那次事故啊，害得我双目失明，不得不到处流浪，孤苦伶仃，上顿吃完没有下顿，估计就算是死掉也没人发现。"他越说越激动："您可能不知道当时的情况，火一下子就冒上来了，仿佛是从地狱里冒出来的。人们都乱作一团，都挤在了门口。不知是谁把我推倒了，踩着我的身体跑了出去。我随即失去了知觉，等我醒来，就变成了瞎子，命运是多么不公平啊！"

威尔逊先生冷冷地说道："恐怕事实并非如此吧，您是不是记忆出了错？"盲人已经心虚地低下了头。威尔逊先生说："当时我也是那家化工厂的工人，是你从我身上踏过去的。你说话的口音，我至今都还记得。"盲人听了威尔逊先生的话，突然大笑起来，说："这就是命运啊！这是上帝对我的惩罚啊！你在里面，却毫发无损，还有了成功的事业，而我跑了出去，却成了一个可怜的瞎子！"威尔逊先生不紧不慢地说道："你可能不知道，我也是个瞎子。那场爆炸，不仅夺走了我的眼睛，还夺走了我的一条腿。你相信命运，可我不相信。"说完，他就拄着手杖，一瘸一拐地走远了。

从上面的故事不难看出，就算是同为盲人，有的出人头地，有的却只能以乞讨为生，靠着博取人们的同情过一生。造成这一差别的原因，就在于是否会控制自己的自卑情绪。面对命运的不公，自卑的人习惯性地屈从于命运，这样的人从来没有意识到，揭开伤口的人不是别人正是自己，他一遍一遍揭开自己的伤口给别人看，企图得到别人的怜悯，却从未想过站起来的一天。

俗话说，尺有所短，寸有所长。每个人都是上帝的宠儿，每个人都是无法复制，也无法替代的。不管是谁，都没必要妄自菲薄，更不用因为自卑而自暴自弃。

> 自卑的心态就像一条啃噬心灵的毒蛇，不仅吸食心灵的新鲜血液，让人失去拼搏的勇气，还在其中注入厌世和绝望的毒液，最后让健康向上的心灵慢慢枯萎，所以必须告别自卑。

你不了解自己，拿什么谈改变

真正的改变，从认识自己开始。我们的心灵深处都藏着一些不愿意示人的特质，这些特质往往都是负面的、消极的，包括愤怒、自私、浮躁、脆弱……这些特质被我们掩饰和压制着。不过这些消极的特质并不会因为我们的否定而消失，它们会在潜意识里隐藏起来，悄悄地影响着我们对自己的认同感。

约翰·威尔伍德在《爱与觉醒》一书中，将人的内心比作一座城堡，里面有无数个房间，每个房间代表着一种特质。小时候，这些房间都是完美的，因此你肆无忌惮地进入每一个房间；而长大之后，有人告诉你应该将不完美的房间锁起来，你照办了。后来越来越多的人开始造访你的城堡，那些不完美的房间越来越多，你锁上的门也越来越多。

随着时间的推移，你再也无法像小时候那样随意地进出每个房间，因为你觉得有些房间太恐怖了，里面满是灰尘，应该尽快锁起来。其实，面对那些不完美的房间，我们应该做的，并非是将其锁上，而是勇敢地进入那些房间，打扫它们、整理它们。正视这些不完美的房间的存在，我们才能拥有一个完整的城堡，得到一个完整的自己。

罗伯特·布莱将这些隐藏的消极特质形容为"每个人背上负着的隐形包袱"。多数人都对自己心里的阴暗面避之唯恐不及，其实只有正视了自己的阴暗面，接纳了自己的不完美，才能找回完整的自己。

认识自己，先从了解自己的内心开始，那么如何去了解自己的内心呢？

1. 从别人的身上找自己的影子

很多时候，别人就是我们自己的镜子，我们往往能够从别人的身上发现自己的影子。比如你走在街上发现一个女人正在对她的孩子破口大骂，你觉得这个女人太粗鲁了，自己绝对不会像她那样对待自己的孩子。可是你有没有想过，如果自己的孩子不小心将冰激凌洒在了自己刚买的一条昂贵的新裙子上时，自己是什么反应。你很可能会暴跳如雷，甚至比这个女人更加愤怒。当你发现自己对某些人的某些特质特别敏感的时候，就应当注意了，你可以以此为契机，找到自己内心被你隐藏或者排斥的特质。

2. 揭露自己的消极特质

如果我们很难对自己进行判断，不如鼓起勇气向身边的人询问对你的真实看法。诚然，这并不是一件很容易办到的事情，因为很多人在挖掘自己所压抑的消极特质的时候，会产生一些情感波动。另外，因为社会交际的关系，有些人并不会坦诚地将你不完美的那些地方指出来。

你可以采取这样的方法：将你欣赏的人与厌恶的人分别罗列出来，并在每个人后面加上他们所对应的特质，最后在另一张纸上将你所有的积极特质与消极特质罗列出来。比如：

欣赏的人

马云　　　　　　　　有远见、有头脑、敢于挑战

居里夫人　　　　　　乐观、谦虚、淡泊名利

奥黛丽·赫本　　　　坚强、美丽、有爱心、优雅

厌恶的人

希特勒　　邪恶、阴险、凶残、种族歧视

葛朗台（《欧也妮·葛朗台》中的人物）　贪婪、吝啬、狡猾

我的积极特质　　　正直、谦虚、乐观、淡泊名利、温柔、富有创造力、吃苦耐劳

我的消极特质　　　优柔寡断、缺少爱心、自私、没有毅力、目中无人、吝啬

从这样一份列表之中，你会很容易发现自己隐藏的特质。对每一种特质进行分析，你可能会发现，你也许跟那些你过去认为毫不相同的人有着相同的特质。通过这种方式，你能发现你灵魂深处不完美的地方。

极力去压抑和隐藏自己的消极特质是一件很累人的事情，只有发觉了自己的不完美，承认这些消极特质，才能认识到最真实、最完整的自

己。也只有这样才能不断地完善自己，因为发现黑暗的地方，你才会点亮一束光。

不必自暴自弃，缺陷是因为上帝嫉妒你的美好

每个人都是上帝咬过一口的苹果，虽然看上去有着不同的缺点，但是没有必要因此感到自卑和彷徨。因为我们要明白，上帝不过是因为我们太过美好，所以心生嫉妒罢了。世上没有完美无缺的人，也没有一无是处的人。只要调整好自己的心态，整理好自己的情绪，从乐观的角度出发，就能够从残缺中发现美好。

在比利时有一个叫作夏查·范洛的盲人，他一出生就看不到这个世界，只能凭借听力去辨别方向，躲避危险。为此，他感到十分不公，认为是上天在惩罚自己。

他讨厌过马路，因为经常会撞到人，或者被人撞到，这让他伤痕累累。直到17岁那年，他跟一辆响着铃的自行车相撞。

骑自行车的女孩非常生气，冲戴着墨镜的他大声质问："你为什么要故意撞倒我，是个瞎子吗？"听到这话，忍着身上的疼，他生气地说："对，我就是个瞎子，怎么样？"

"我铃按得那么响，耳朵不会听吗？"女孩丢下这一句话，将自行车扶起来生气地离开了。听到女孩的话，范洛反而不生气了，他站在原地，脑海里不停地回放着女孩的那句话，才突然想到自己的耳朵。是

啊，就算没有了眼睛，我还有耳朵。虽然这是上帝赐予他的和别人一样的礼物，却很特别。因为，他的耳朵不仅是用来听的，还能代替眼睛，去感受这个世界。

从那之后，范洛想开了。他不再用一种讨厌的眼光去看待这个世界，不再自寻烦恼，不再自暴自弃。他开始锻炼自己的听力，不管吃了多少苦，流了多少汗，他都没有放弃过。后来，他练就了敏锐的听力，被特招入了警队。

他能够精准地听出很多声音。比如从电话里传来的嘈杂声中精准地判断出嫌疑人驾驶的是一辆什么汽车；从嫌疑人打电话时拨出的不同号码的按键声中辨别出电话号码等。

另外，由于听力超群，他可以精准地分辨出不同语言发音的细微差异，这让他成为一个优秀的语言学家和训练有素的翻译。可以说，他的大脑就像是一个录音机，可以记录各种口音，正是这种语言能力让他成了与恐怖分子谈判的重要人才。

他从警的时间并不长，但是凭借听力的优势，多次立下大功，成了比利时警界里"失明的福尔摩斯"。

范洛从不忌讳别人说自己是个盲人，他常说："如果我能看到光明，那我现在可能只是一个平庸的人。正因为我看不见，我才会专心致志地去听，结果我听到了别人无法听到的声音。"

上帝给每个人都派发了一个苹果，并在这些苹果上咬了一口。虽然苹果并不完整，但是有的人依然将它看成是上天的恩赐。或许有些苹果上的缺口让你苦不堪言，深感痛苦与忧伤，觉得自己做什么事情都力不从心，觉得自己受尽委屈，甚至开始自卑，认为自己就是烂泥扶不上墙。但是就像一句名言所说，"冠军的桂冠从来都是用荆棘编成的"，真正的苦难会使人变得冷静而深沉，并一步步走向成熟。有了苦难，人生的价值才会得以体现。记得随时调整自己的情绪，不要让自暴自弃控制你，抱怨给你带不来什么好处，只会让你越来越痛苦。上帝从你身上夺走了什么，一定会以另外的一种形式还回来。静下心来想一想，就会懂得缺陷、弱点不过是另一种形式的恩赐。

★情绪宝典：摆脱完美主义的策略和实用方法

常常想超越自己，变得更好，这是很好的。我们都应该努力将事情尽可能做到最好。不过，完美是无法企及的目标。这种要求给完美主义者带来了持续的不满足。思考一下，是哪些行为阻碍了我们自由徜徉、激情生活。当我们那样做的时候，我们会了解到有一些改变能让我们享受我们所做的事。

其实自信通常都是从人们的日常生活中获取，具体可以通过以下几种方式来获取：

1. 先从装扮自己开始

俗话说，人靠衣裳马靠鞍。一个人懂得装扮自己，往往可以增加其自信心。当我们充满自信地装扮自己的时候，不仅可以让别人赏心悦目，还能让自己获取自信。你可以试一个星期，你希望成为什么样的人，就按照什么人的样子来打扮；你想成为什么样的人，就按照什么样的人的标准来穿戴。这是一种简单有效的增强自信的方法。

2. 不求全责备

怀着平常心去做事，万万不可凡事都过于理想化，要允许自己成为一个偶尔会犯错的人。常常陷入自卑情绪的人往往在生活、工作方面给自己定下过于高远的目标，对自己的要求太高。适当地降低一下对自己的标准，不要求全责备，这是非常重要的。

3. 多看一看外界

当一个人陷入自卑情绪之中时，往往将注意力过多地放在自己身上。一旦注意力放在自己身上，就很容易去研究每一个细节，陷入一种自我否定之中，担心出问题。可是越是担心出问题，就越容易出问题。就像是体育比赛，如果总是想着做不好会辜负亲人、观众、国家的期待，那么就越容易造成精神紧张，也就越容易出错。

4. 不要为了增强自己的自信心而贬低他人

有一种说法是，自卑的人往往也是自傲的人，自卑到了极点，人就开始变得自傲起来。有些人因为太过自卑，总是用贬低他人的方式来提升自己的自信值。其实这样的提升方法是有百害而无一利的，不仅无法从根本上提升自信心，还会影响我们的人际关系。

5. 讲究付出

在电影《被人嫌弃的松子的一生》中有这样一句话："人的价值不在于他得到什么，而在于他可以给予别人什么。"人们总是期望从别人那里得到一些东西、自己却不付出的时候，其实内心也是不安的。当你付出的时候，你的自信值也会随之升高。有一句老话说得好，有付出才有收获。记住这句话，要想在生活中得到点什么，先要付出。

6. 学会宽恕

有些人总是对自己的错误念念不忘，如此一来只会消减自己的自信心。正确的做法是承认自己的过错或者过失，然后全部忘掉。同样，如果生活中有什么人需要你宽恕，那就宽恕他吧。宽恕他人可不是为了他人，恰恰相反，是为了你自己。

7. 进行心理暗示

可以经常告诉自己"我很有自信"，时间一长，就有利于增强你的自信心。要知道，潜意识虽然简单，却很能发挥作用。当你这样暗示自己的时候，潜意识会立即开始工作，以一种颇为自信的方式向你报告。

8. 树立楷模

增强自信心还有一个办法，那就是找一个超级自信的人当自己的楷模。如果你经常跟一个自信满满的人在一起，那么就容易提升自信值。如果交不到这样的朋友，也可以找一个全身充满自信的明星作为自己学习的目标，观察他们的行为，试着按照他们的处事方法来做事，时间一长，你也会成为充满自信的人。

9. 学会感谢

学着感谢自己强于他人的地方，不要总盯着自己的弱项而自卑，每个人都有闪光点，感谢你身上的那些闪光点，你的自信心就会增强很多。

第6章　少一些悲伤的眼泪，
多一分鲜活的心情

　　人世沧桑，谁都会彷徨，会忧伤，会有冷风苦雨的幽怨，也会有月落乌啼的悲凉。但要知道，快乐是生活的主题，一切都可以放松和豁达地面对。

生活中难免有痛苦，何必让眼泪再雪上加霜

波特说过："人生是由哽咽哭泣及微笑所组成的一段过程，而其中更大的部分是哽咽。"生活充满了难以预料性，并且无法让我们完全掌握。在欢声笑语之外，我们也常常与痛苦为伴。如果在遇到痛苦的时候，一直陷在里面，任由它发展，那么生活就会变得一团糟。

人们总是不自觉地把自己的痛苦放在放大镜下，实际上痛苦并没有人们想象中的那么可怕。很多人由于对它并不了解，所以一旦遭遇痛苦就会选择逃避，缺少直接面对的勇气。如果你能够用平常心看待痛苦，与之和谐相处，就能够及时找出正确的处理方法与策略。而如果无法正确处理痛苦，将会给自己和家人带来无限烦恼。

生活在美国加利福尼亚州的帕克，是一所著名高中的历史老师。他平时个性开朗乐观，结婚五年，一直跟妻子恩爱有加。在平时的时候，帕克跟学生和同事相处融洽，总是笑嘻嘻的，像个阳光大男孩。不过，一切都在一天的下午改变了。

那天正好是帕克跟妻子结婚六周年的日子，他兴冲冲地回到家，手里拿着早就给妻子准备好的礼物，打算给妻子一个惊喜。不过，让他万万没想到的是，妻子给了自己一个惊吓——她正和一个陌生男人躺在床上。怒火中烧的帕克马上跟那个男人扭打到一起，妻子吓得大喊

大叫。

因为无法原谅妻子的背叛，双方选择了离婚。可是离婚无法将帕克从感情失败的悲伤中拯救出来，他开始变得痛苦不堪。他不明白自己到底做错了什么，也想不通为什么妻子会背叛自己。

他开始纠结于生活的不公、人性的欺骗，陷入了悲伤痛苦之中。显然，药物无法根治他心中的痛苦。后来，他的痛苦越来越严重，甚至展现在了家人面前。帕克开始变得桀骜不驯，对家人也颐指气使。他不管看到谁都会觉得厌烦，认为每个人都是自私自利的，不爱自己的，觉得每个人都瞒着自己做了什么不可告人的事情。

慢慢地，帕克对生活失去了希望，变得暴躁易怒。由于一直无法正视已经发生的事实，他一直生活在痛苦之中，被悲伤包围，每天都活得提心吊胆。

痛苦的情绪是撒在我们心上的尘土，若不拂去，只会让我们躲在角落里无人过问，日益陈旧。

在生活中，谁都可能会遇到因为别人而生气的事但是又不方便把生气的原因告诉对方，只能一直憋在心里的情况。不得不说，这样的感觉很不好，就像是住在了一间密不透风的地下室，空气稀薄而潮湿，让人浑身不舒服。如果情绪长时间得不到释放和缓解，那么整个人的状态都可能变得十分消极，所以我们要学会自己去晒太阳。

心理学专家提醒人们，在痛苦还没形成之前，务必努力消除这些坏情绪。比如一旦发现自己的心情正在变得糟糕，又不方便把事情说出来，可以通过运动、听音乐、逛街等方式调节一下。总之，对于不良情绪，不能听之任之。人生本就由无数的快乐与无数的痛苦所构成，学会与悲伤握手言和，坦然去接受已经发生的事情，才能寻找到人生下一段要走的路，体会幸福的真谛。

心若满是疮痍，要学会包扎止痛

中国有句话叫"哀莫大于心死"，足以说明一个人一旦内心笼罩上了悲伤的阴云，将对他的人生产生怎样的影响。不过有了悲伤情绪也不能逃避，如果试图否定和逃避自己的悲伤情绪，将强化内心的痛苦，直至崩溃。心理学家曾经做过这样的一项调查：

有一个地方发生了地震。半年之后，到心理诊所就诊的人与日俱增。患者往往是在灾害刚刚发生时并没有出现什么问题，到后面却出现了焦虑、抑郁、伤感等情绪，无法解脱。专家认为，地震给这些人造成了难以磨灭的心理创伤，让他们在失去亲人的痛苦中无法自拔。当灾害刚刚发生的时候，他们的注意力主要集中在清理废墟、料理杂事上面，而一旦从这些忙碌中脱身，他们压抑的痛苦就会释放出来，导致各种不良情绪出现。

在 2011 年的电影《观音山》中，我们就看到了这样的一个人物，她叫常月琴，是一位退休在家的中年妇女，丈夫早亡，跟儿子相依为命。儿子终于长大成人，要成家立业的时候，却因为一次意外车祸，白发人送黑发人。从此常月琴的精神支柱崩塌了，她开始靠出租房子维持生活，整日郁郁寡欢，脾气暴躁。她每天都在折磨自己，承受着悲痛，在儿子出事的破车中痛哭是她折磨自己的方法。

后来，她把房子租给了三个年轻人。因为相处得并不愉快，他们整日因为生活习惯不同争吵不休。一次三个年轻人在没有征得常月琴的同意的情况下，就将常月琴儿子的那辆破车开出去兜风。这件事戳到常月琴的伤心处，她立刻变得像刺猬一样，不准任何人靠近，将自己牢牢包裹。后来儿子的女友来探望她，更是让她的心情糟糕到了极点，终于因为忍受不了丧子之痛而割脉自杀，所幸被三个年轻人及时发现，救了过来。"死"后"重生"的常月琴似乎在心理上发生了巨大的转变，她和三个年轻人逐渐靠近：她开始和他们一起吃饭，开始像母亲一样关心他们。她让人重新给那辆破旧的轿车喷漆，补好破碎的挡风玻璃，和年轻人一起开车来到已成废墟的城区和观音庙，和他们一起在迪厅喝啤酒、跳舞。当所有人都以为她已经从过去的阴霾中走出来的时候，她选择跳崖自杀，了结了自己的生命。她说，人不应该永远孤独。

常月琴的结局让人们唏嘘不已，归根结底是因为她没有找到一个宣泄自己悲伤的途径，所有看似正常的宣泄不过是她的伪装，她一直在悲伤的泥沼里挣扎，最终承受不住，用死来解脱。

由此可见，一个人一旦有了悲伤情绪，就要学会给它们找一个出口，让这些不良情绪能够宣泄出来。如果将它们压在心里太久，只会越来越危险，对我们的身心来说，就是一只不知道什么时候会扑过来的凶猛的狮子。

当然释放悲伤情绪也要讲究方法，我们不妨从以下几个方面入手：

多跟亲近的人交流

陷入悲伤情绪中的人往往是最为脆弱的，当你被悲伤袭击的时候，要主动去跟亲近的人倾诉，这样你不仅可以得到关心与抚慰，还能让心灵得到安宁。

宣泄悲伤，但不要让自己陷入绝望

悲伤时大哭一场或者咆哮一番，可以有效地将悲苦宣泄出来。但是无节制地任由悲伤情绪发泄也不是一件好事。因为任由自己发泄，很容易被这种行为牵引，会跟初衷背道而驰，因此要懂得控制情绪，在宣泄悲伤情绪时多去考虑阳光的一面，不要让自己在悲伤的情绪中沉沦。

当你的心里一直在下雨的时候，如果做不到让心情雨过天晴，那就要学会泄洪，不要让洪水冲垮了自己心灵的大坝。

路过的都是风景，留下的才是人生

米兰·昆德拉说："永远不要认为我们可以逃避，每一次选择都决定最后的结局。我们的脚正在走向我们自己选定的终点。"朝着一个目标前行，面对旅途中那些不愉快的事情，你可以把它们看作终究会被列车甩在身后的一道风景。不必在意那些抓不住的东西，多留意那些可以掌握的幸福才好。有些事情发生之后，就会对人生造成严重的伤害。有些人一直盯着伤口查看，伤口已经愈合，但是在他们的心里却打上了烙印，从而一直影响他们的人生，成了他们挥之不去的噩梦。

米娅今年 25 岁，正值青春年华，长得漂亮动人，却遭遇过一段噩梦般的经历。在她 15 岁的时候，有一次跟同学一起进行野外探险，结果不小心走散了，在一个陌生的地方被一个坏人拖进一座废弃的房屋里面强暴了。这件事给米娅的心里埋下了阴影，那件事之后，她活得像行尸走肉，郁郁寡欢，甚至有了轻生的念头。

父母曾经给她请了很多心理医生帮助她恢复，但是那时的她不想跟任何人敞开心扉，因此也收效甚微。有一次，她情绪低落地走进了小区的教堂，向神父祷告。刚说出第一句话，她就开始泣不成声，她说："为什么是我，我到底做错了什么，上帝要用这样的方式来惩罚我，以后我要怎么生活呢？"

神父听完了米娅的哭诉，说道："姑娘，当年你被强暴是自愿的。"米娅马上就被神父的话吓住了，生气地反问说："你到底在说什么？我怎么可能是自愿的呢？"神父一脸平静地说："你被强暴了一次，却一直对这件事耿耿于怀，这相当于你每天都在心里不断倒带，心甘情愿地被强暴一次又一次。"

听到这里米娅觉得有些委屈，于是说道："我也不想这样，我就是忘不掉那么糟糕的事情。"说着又哭了起来。

神父说："世上没人能够平稳地过完一辈子，不幸的事情发生了，就像你被狗咬了一口，你不可能再咬回去，那就好好地上药打针，忘记伤痛。如果每天都沉浸在痛苦的回忆中，不过是在虐待自己。这跟每天再被欺负一次有什么区别吗？有些事情已经很难改变，但是我们可以改变自己的态度，掌控自己的情绪，不管过去经历了什么，重要的是过好现在。"

米娅听了神父的话恍然大悟，意识到自己不能让这件事情继续扰乱自己的情绪，继续恶化这件事的影响。青春是一去不复返的，没必要为了这件事情把自己的一辈子赔进去。

英国首相劳合·乔治有一个习惯，不管出入什么场合，都习惯性地将身后的门关上。有朋友曾经就此询问他，是否有必要这么做。劳合·乔治回答得十分肯定，认为十分有必要。他认为，关上一扇门，就意味着将过去的一切都屏蔽了，不管是让人高兴的辉煌成绩，还是让人沮丧的痛苦回忆。只有做到这一点，才能继续前行。

人生就是一辆不断前行的列车，窗外不可能永远是迷人的风景，也可能会有肮脏的臭水沟，或者一片狼藉，不过它们终将远去。

时光扑面而来，我们终将释怀

泰戈尔曾经说过："当你为错过星星而伤神时，你也将错过月亮。"其实，很多时候，我们都明白这个道理，但是一遇到失恋这件事，那些理论、劝说就通通失去了效果。失恋就像沙漏，眼泪与心痛是里面如涓流的沙，每一次思念的翻转，就会引起一次决堤。我们一想到这件事心就绞痛起来，陷入哀愁、伤心，甚至仇恨的情绪流沙里，不知如何挣脱出来。

每个刚刚失恋的人，都觉得自己爱得很深，觉得自己的世界在失去对方的那一刻就崩塌了。而时间是平复情绪的最佳药方，时间一点点流逝，直到有一天，你才发现，有些事情并没有自己想象的那么刻骨铭心，难以割舍。

有一个女人，每天过着朝九晚五的上班族生活，每天都走同样的街道，去同一家超市，四年的时间里过着一成不变的生活。她的心里一直惦念着一个人，那是她的初恋，也是她唯一的一段恋情。虽然分手了，但是她并不愿从这段感情里走出来。直到有一天，常去的那家饭馆的招牌被拆了下来，这才让她开始明白，一切都回不去了。

过去她常常跟男友去同一间饭馆，两个人想不出吃什么的时候，那家饭馆就成了他们默契地光顾的地方。老板娘早就认识他们了，每次都热情地招呼他们，有时候还会送一些小菜让他们品尝。

分手之后，她再也不敢光顾那家饭馆，因为她不想被人提醒，她已经失去了对方。当饭馆关门的那一刻，她才明白，自己竟然自欺欺人地过了四年。再去审视周围的环境才发现，其实看似跟原来一样的街道，在不知不觉间已经有了诸多改变。这些改变在平常人看来或许不算什么，对她而言却像一根刺，直直地扎进心里，提醒她早已物是人非。

从那一刻起，她知道自己不能沉沦在过去了。于是她搬了家，到了一个完全陌生的地方，也开始去社交，去尝试一段新的感情。当她的新男友拉着她到处玩的时候，她才明白，往事也会忘记，没有自己想象中那么难以割舍。

沉溺于情伤，是幸福之路最大的拦路虎。虽然你在情伤中一直止步不前，但是时间终究会让我们释怀。很多人不需要说再见，因为不过是路过罢了，遗忘是最好的成全。

下面的几个步骤将更有助你愈合伤口。

1. 切断联系

不要再跟对方联系，哪怕只是短时间。很多人之所以抱着和前任做朋友、维持关系的念头是由于完全放手太难了。在这种情况下，除非你已经愈合了十之八九，否则这段纯友谊很难维持，而伤口愈合需要时间。失恋期间，真正的朋友不会将你置于不愉快的境地。当你受伤时，你就是脆弱的。置身于一段健康的关系，就是照顾自己很关键的一个方面。

2. 放弃幻想

分手时的糟糕情绪与这段恋情其实没有多大关系，很多人并没有意识到这一点。分手并不是突然发生的，那件可能引起感情破裂的事件往往只是一个导火线，是彼此之间的问题积累到一定程度而引发的后果。在分手的背后，往往是一连串的事情，令两个人产生争执、互相伤害。很多人痛苦的源头不是感情本身，而是自己的幻想。恋情开始的时候，恋人们往往都怀揣着美好的愿望，愿幸福时光永驻。

心理学家认为，为了抚平失恋带给人们的内心伤痛，人们往往会自动忽略那些感情中不好的部分，去用一些以前的甜蜜回忆抚慰自己，将对方理想化，屏蔽对方的缺点。想要度过这一阶段，那就去想一想你们感情中让你总是无法释怀的一些意见不合的部分，比如价值观不同，对方的习惯让你难以忍受等。将这些写下来，提醒自己分手是最好的选择，就可以帮助我们平息失恋的负面情绪。

3. 与过去和解

试着站在对方的角度思考，对对方的行为做出解释。有些事情的好坏，往往是人们站在自己的角度，从自己的利益出发而得出的结论。我们站在对方的角度思考并非是为了将对方对自己的伤害正当化，而是换个角度去看待不尽如人意的地方。当我们能够站在一个客观的角度去看待一件事的时候，那么就能很容易地从这件事中跳出来，也更容易原谅对方的过错。

4. 多爱自己一些

想要从一段破碎的感情中走出来，最重要的一步就是学会爱自己。有些人，在爱情中迷失了自己，不能好好地珍视自己。其实想要拥有一段高质量的恋爱关系，首先要学会认识自己的长处，了解自己的能力，做个自信大方的人。当你善待自己的时候，别人自然也会善待你。

学会把苦难转化为生活中的意义

"绝望＝苦难－意义"，这是美国著名作家康利提出来的一个情绪公式。其实从这个公式中，我们很容易领悟作者要表达的意思。苦难是谁都无法避免的，但是苦难并不会导致绝望。绝望是一潭死水，是哪怕在沙漠中遇见绿洲也以为是海市蜃楼的不相信。一旦陷入绝望，苦难也就失去了意义。或者从人的角度而言，人们之所以陷入绝望，正是因为人们没有认识到苦难的意义或者干脆放弃了苦难的意义。

维克托·弗兰克尔是奥地利一名年轻有为的心理学家。1942年9月24日，因为战争，他被迫与妻子、父母分开，他们分别被关进了不同的纳粹集中营。在之后的3年时光里，他一直过着地狱般的生活，被纳粹剥夺了一切自由。更加不幸的是，他的家人相继去世。

弗兰克尔之所以能够熬过那段岁月，靠的是自己的信念。不管环境多么恶劣，他都注意运用正确的情绪工具，让自己找到活着的意义。因为在集中营的这段时间里，弗兰克尔早已观察到，那些去世的人并不一定是入营时病最重或体质最弱的，而是那些整天关注苦难本身的人。他们眼里盯着的是各种各样的苦难，这让他们感到绝望。

弗兰克尔认为："对未来失去信念的囚犯注定会死。"有一个弗兰克尔身边的囚友，他曾经看似积极地面对苦难，梦想着在1944年3月30日会被解放。但是到了那一天，并没有这样的消息，结果第二天，这个人就去世了，因为他生存的意志破灭了。集中营的环境固然是导致人们死亡的一个因素，但是其内心的情绪变化才是决定他们生死的关键。

弗兰克尔认为一个人活着"主要是为了实现意义，而不仅仅是对欲望和本能的满足"。对于被关押在集中营的人来说，他们不妨将苦难当成一种改变人生的催化剂，或者赋予这次囚禁一些神圣的意义。

被释放之后，弗兰克尔用余生来帮助人们理解，即使是在最痛苦的时期，探寻生命的意义也能驱散绝望。

大部分人都不可能有被囚禁的经历，但是这并不妨碍我们去感知那种痛苦。积极心理学家认为，创造意义是人类的基本需求：我们努力让自己在世界上的存在有意义，来应对日益复杂的世界。没有意义的世界充满绝望，等于苦难的世界。

乔纳森·海德特在他所著的《象与骑象人：幸福的假设》中提出，成长的关键"不是乐观本身，而是创建意义"。我们每个人都有一定的心理创伤，绝望是人类与生俱来的情绪。当我们找不到苦难的意义的时候，通常会寻找刺激或者分散注意力，其实这并不利于我们对抗苦难。你只有找到了意义，才找到了方向。我们不会为落叶掉眼泪，是因为我们知道春天迟早会到来；我们不因为黑暗而惶恐，是因为我们知道黎明终将会到来。正如尼采所说，拯救我们自己的是我们如何把痛苦或苦难转化为我们生活中的意义。

★测一测：你把悲伤藏在哪儿了

1. 你是一个发起脾气来就不会顾及其他情况的人吗？

①是的 → 第 3 题

②不是 → 第 2 题

2. 下班或者放学了，你一般不会逗留，会尽快回家吗？

①是的 → 第 3 题

②不是 → 第 4 题

3. 你对他人的中性打扮感觉很不舒服吗？

①是的 → 第 5 题

②不是 → 第 4 题

4. 如果你是一家公司的老板，当你看到员工在偷懒的时候，你会怎么做？

①走过去严厉斥责一顿 → 第 6 题

②不动声色，之后开除 → 第 5 题

③认为可以原谅，所以不会去说什么 → 第 7 题

5. 你是一个不容别人怀疑的人吗？

①是的 → 第 6 题

②不是 → 第 7 题

6. 当你走到古老的城墙旁的时候，你会联想到很多东西吗？

①是的 → 第 8 题

②不是 → 第 9 题

7. 如果你想在游乐场里建造一个可以休闲的场所，你会选择建造什么呢？

①海洋世界 → 第 10 题

②歌剧院 → 第 9 题

③博物馆 → 第 11 题

8. 你会买下你喜爱的偶像所代言的产品吗？

①是的 → 第 11 题

②不是 → 第 10 题

9. 在空暇的时候，你会出于懒惰宅在家里吗？

①是的 → 第 12 题

②不是 → 第 11 题

10. 如果你在看电影时发现有人在电影院里打电话，你会怎么做？

①会劝说对方到外面去打 → 第 13 题

②忍气吞声 → 第 12 题

11. 如果你要出演一部话剧，你会选择什么角色呢？

①主角 → 第 15 题

②配角 → 第 14 题

③跑龙套 → 第 13 题

12. 你会为了逞一时之快而买下超出自己承受能力范围的东西吗？

①是的 → 第 15 题

②不是 → 第 14 题

13. 你会对恋人的行为疑神疑鬼吗？

①是的 → 第 16 题

②不是 → 第 15 题

14. 你觉得不常联系一些老朋友，你们的感情依然很好吗？

①是的 → 第 17 题

②不是 → 第 16 题

15. 假如你碰到了一个无知却很自大的人，你会怎么做？

①不理他 → 第 18 题

②笑话他 → 第 17 题

③揭穿他 → 第 19 题

16. 如果发现你的恋人出轨了，你会原谅他吗？

①会的 → 第 18 题

②不会 → 第 19 题

17. 当你参加舞会时却面临着没人邀舞的尴尬，这个时候你会？

①一个人玩手机 → 第 20 题

②坐在角落里默默等待 → 第 19 题

③在舞会上找东西吃 → 第 18 题

18. 你觉得自己是一个绝情的人吗？

①是的 → 第 20 题

②不是 → 第 19 题

19. 你相信前世姻缘的说法吗？

①是的 → A

②不是 → B

20. 晚上，你打开窗户仰望天空，你认为自己看到的是什么呢？

①阴云密布的天空 → D

②皎洁明亮的月亮 → C

③漫天闪烁的繁星 → E

答案分析：

A. 你的悲伤藏在了心里。你是一个内心世界十分丰富的人，有着细腻的感知能力及丰富的想象力。有时候你会莫名地伤感起来，也许是因为乡愁，也许是因为苦恋。你的悲伤比别人来得更加绵长、平淡，不至于大悲大痛，却总是会让你胡思乱想。

B. 你把自己的悲伤伪装起来了。你是一个自立自强的人，喜欢自己承担一些事情，比起团队合作，你更相信自己的力量。在面对悲伤的时候，虽然内心已经乱成一团麻，但是因为太过要强，会极力伪装起来。为了维护自己的形象，你会选择默默忍受，独自一人舔舐伤口，独自一人背负起所有哀伤。

C. 你的悲伤藏在笑容后面。你是一个天性乐观的人，快乐的笑容是你最迷人的招牌，不过同时你也是一个极端的人。在人前你是一个很乐观开朗的人，但是人后你是一个很容易伤感的人，脆弱而缺少安全感。当遇到让你难过的事情的时候，你也想过要找人谈一谈，但是越熟悉的人，你越不好意思张口，因为你不想让对方知道你的心事，同时你也不希望对方为自己担心。

D. 你的悲伤藏在泪水里。你有着丰富的经历，这些经历让你的心已经积满了厚厚的灰尘，很少有事情会让你悲痛，除了你心里最柔软的地方。你把自己伪装成了一只刺猬，以此来保护自己。悲伤和失望也许会给你带来泪水，但是你会很快擦干眼泪，神采奕奕地出现在世人的面前。

E. 你的悲伤藏在眼睛里。你是一个十分坦率的人，有什么情绪与想法都会表露出来，你的眼睛会透露出你所有的悲伤与喜悦。当你觉得难过的时候，你会为了维护自己的形象而极度忍耐。你一直在成长，因此慢慢学会控制自己的情绪，但是心灵会随之慢慢变得麻木起来，也许，这就是所谓的"成长的代价"。

第7章 拒绝与仇恨共舞，
别成为仇恨的牺牲品

马克·吐温说："紫罗兰把它的香气留在那踩扁了它的脚踝上。这就是宽恕。"无论情况多糟，莫与仇恨共舞，你应该努力调整你的环境，把自己从黑暗中拯救出来。

抛下仇恨，是一场自我救赎

"爱人者，人恒爱之。"仇恨是毫无营养价值的东西，食之性寒、味苦，对健康毫无裨益，只能催生一场又一场悲剧。仇恨是让人们互相倾轧、互相远离，让本可以幸福的我们走向毁灭的东西。丢下仇恨，其实是一场自我救赎。

她叫一鸣，曾经有一个幸福的家，有个爱自己的丈夫，还有一个乖巧的儿子。她以为自己的生活会一直幸福下去。可是三年前，原本幸福的生活出现了变故。

那时候丈夫开了一家公司，公司的运营状况很好，当他们的财富越来越多、房子越来越大的时候，丈夫却回来得越来越晚。每当一鸣问起，丈夫就说公司业务忙，需要加班。女人的"雷达"总是异常精准，她很快就发现丈夫在外面有了外遇。

她伤心透了，不停地跟丈夫哭诉、痛骂，用尽了各种手段，就是想要丈夫回心转意。可是男人的心一旦飞走了，就再也难以回来了，就像是一个精致的水杯，一旦破了就再也复原不了了。没过多久，丈夫就提出了离婚。

她无奈地接受了事实。但是，她不甘心，对那个负了心的男人及抢走丈夫的狐狸精恨之入骨。她越想越生气，心中燃起了复仇的火焰。她绝不能让那对狗男女幸福地生活下去。

她虽然没有什么能力，但是她有儿子，于是她总是跟儿子说父亲的种种不好，在孩子心中也埋下了仇恨的种子。

开始新生活的丈夫到底难以割舍亲子情结，他总是带着一大堆礼物来看望儿子。儿子早就被母亲洗了脑，总是对父亲爱搭不理，眼睛里的寒气让丈夫不寒而栗。

看着丈夫失落地离开，她产生了一种报复的快感，儿子是一把扎向丈夫心上的尖刀。后来，丈夫看望儿子的次数越来越少了。

四年过去了，她在过去的那段感情里还没有走出来。不过恨意慢慢地开始淡化了，她知道自己的报复无论对谁都是一种伤害。在这段时间里，儿子的性格发生了翻天覆地的变化，原本开朗活泼的儿子，如今变得十分消沉，眼中散发的都是戾气。有一次，她对儿子说，有时间去看看你父亲吧。儿子斩钉截铁地说："不去，他不是我父亲。"不管她怎么劝说，儿子都没去。

看到这样的儿子，她明白了，仇恨最终伤害的原来是你最爱的人。

仇恨是一粒种子，种下之后就会结出仇恨的果实，吃了之后，毒素会侵入人的五脏六腑，让人行动反常，烦躁易怒，苦不堪言。仇恨并不会让人获得快乐，只会成为你的累赘。正所谓冤冤相报何时了，与其去恨一个人，不如放下仇恨，让自己走向一个光明的未来。

那么我们要如何摆脱以牙还牙的想法呢？

1. 学会宽容，懂得忍耐

宽容不仅是给别人一个机会，更是给自己一个机会。只有忘记仇恨，才能走向明天，总是带着仇恨过日子，那么早晚有一天，你会把自己累垮。

2. 换个角度，找到事情良性的一面

任何事情都有两面性，有好的一面，也有坏的一面，人之所以仇恨，就是由于人们总是盯着坏的一面不放，如果试着朝好的一面看，仇恨可能就会淡化甚至消除。

如果可以选择，请不要用恨来结束一段爱。

仇恨是用变形的镜子看世界

在这个复杂的社会里，难免有跟人发生冲突的情况出现，这时候可能遭到他人的辱骂、诋毁甚至殴打，因此产生仇恨情绪。通常情况下，这种仇恨情绪跟受到的伤害成正比。如果这种仇恨情绪无法得到排解，那么就可能引发悲剧。

当一个人染上了仇恨的情绪之后，就像拿着一面哈哈镜看世界，所有一切都变了样。心中有了仇恨，连呼吸都可能变得沉重，说到底不过是自己在折磨自己。

史密斯夫人看上去是一位十分友好、亲切的女士，白天经常跟社区里的家庭主妇们一起参加各种活动，偶尔还做一些美食分给大家。凡是跟她有所接触的人都认为她是一个温柔善良的好妻子，可是他们都不知道史密斯夫人隐藏的另一面。

有时候，史密斯夫人会拿着菜刀、棍子在房间里破口大骂。开始的时候，邻居还以为是她在跟丈夫吵架，后来才知道事实并非如此。实际上，她只是在发泄一种仇恨情绪。

原来，史密斯夫人在多年前曾经被自己的大学同学欺骗过。当年，那位大学同学劝说她投资一个项目，并保证一定可以挣钱。出于对同学的信任，她将自己的积蓄全都交给了那位同学，结果那位同学拿到钱后不久就失去了联络。一开始史密斯夫人完全无法接受自己被骗的事实，还不断地给同学找理由，认为她可能是因为一些事情所以没有及时联系自己。后来，当她终于认清了被骗的事实后，开始每天都吵着要找出那个骗子，甚至口口声声说要杀了她。

为了让妻子的情绪稳定下来，丈夫带她去看了心理医生。在药物和心理医生的帮助下，她的心理开始恢复平静，但是没有根治心魔。在以后的日子里，她依然会不定时地发泄一下仇恨情绪，让人错愕不已。

显然，史密斯夫人用仇恨捆绑了自己，这么多年不仅没有挽回损失的财物，也将自己的情绪搞得一团糟，简直就是在自己的伤口上撒盐。

一个无法掌控脾气的人，注定是心灵的囚徒。其实在被骗的时候，与其去怨恨对方，不如去奖励一下信任对方的自己。仇恨情绪就像是一把枷锁，只有自己才是那个拿着钥匙的人。有智慧的人懂得适时放下自己的仇恨，放过自己。你的世界会呈现出什么样子，全都取决于你带着怎样的眼光去欣赏。如果总是心怀

> 憎恨伤不了对方一根毫毛，却把自己的日子弄得像生活在地狱中一般。莎士比亚说过："仇恨的烈焰会烧伤自己。"

仇恨，那么就算是再美好的事情，也会在这种心情的影响下黯然失色。

松开拳头的那一刻，你就接住了美好

怨恨情绪往往能够引发具有很强杀伤力的行为，会让人们的心里产生强烈的不满与愤恨。这种情绪有时隐藏在内心，有时则爆发出来。不管是哪一种形式，都可能引发不同程度的负面影响。

如果长期将怨恨情绪埋在心底，那么内心就会变得冰冷，从而结下一层层的冰，冻伤自己。而如果将这种怨恨情绪毫无顾虑地发泄出来，恐怕也会冻伤他人。那么内心有了怨恨情绪，要如何来处理它呢？

想要化解心中的仇恨，首先要找到生活的意义。与人结了怨，就算报复了对方，内心也无法安然面对，恐怕一生都要背着沉重的包袱。

2013 年 12 月 5 日，南非总统曼德拉因病去世，这位一生都致力于反对种族隔离与争取黑人民族解放的战士，在生前一直被全世界人民所敬仰。Beyond 乐队有一首脍炙人口的歌曲叫《光辉岁月》，唱的正是曼德拉。

曼德拉在早年曾经因为领导反对白人种族隔离政策的运动而多次被捕入狱，被囚禁长达 27 年之久。他被关押在大西洋上的一座荒凉的小岛上，那时曼德拉年岁已高，岛上到处都是海豹和蛇及其他危险动物。他被关押在一个"锌皮房"里，每天要排队到采石场，然后被解开脚镣，下到一个很大的石灰石矿井里，用尖镐和铁锹挖掘石灰石。有时要从冰冷的海水中捞取海带。当时有 3 个人专门负责看守曼德拉，他们对曼德拉的态度十分恶劣，总想方设法折磨他，让他吃不好、睡不好，曼德拉有时甚至还要遭到毒打。

1990 年 2 月 11 日，在被囚禁了 27 年之后，曼德拉以胜利者的姿态走出监狱大门。全世界都觉得他会对囚禁他的人展开复仇的时候，曼德拉却选择用宽容与和解征服世界。他告诉一些激进的黑人组织：现在不是要把白人赶入大海，而是把你们的武器扔进大海。

之后的总统就职仪式上，曼德拉甚至请来了当年负责看守他的那 3 个人。他邀请他们站起身，以便能介绍给大家。曼德拉用自己博大的胸襟与宽宏大量，让所有人肃然起敬。

当时很多人都不理解曼德拉的做法，后来他解释说，自己年轻时性子很急，脾气暴躁，正是在狱中学会了控制情绪才活了下来。他的牢狱岁月给了他时间与激励，使他学会了如何处理自己遭遇的苦难。他还说，感恩与宽容经常是源自痛苦与磨难的，必须以极大的毅力来训练。曼德拉说起获释出狱当天的心情："当我走出囚室、迈过通往自由的监狱大门时，我已经清楚，自己若不能把悲痛与怨恨留在身后，那么我其实仍在狱中。"

当我们放下仇恨的那一刻，内心的冰也在融化。看看我们周围，有太多人被烦恼缠身，充满痛苦，总是怨天尤人，这些主要是由于我们缺少了像曼德拉那样的宽容和感恩。

握紧拳头，抓住的只是空气；伸开五指，触摸到的将是全世界。有时候，有些事情已经发生并且无法挽回，再抱怨也于事无补。与其不断地在内心纠结，不如洒脱地忘记。

幸福是自找的，麻烦也都是自找的

美国著名人类学家乔治·福斯特认为："在全世界所有的文化中，任何出头鸟都会被一样地看待。"也就是说，任何人的成功都会引起周围人的嫉妒。这种情绪的潜台词就是说：如果你获得的东西多了，那么我得到的东西就会变少。

嫉妒是一种典型的不良情绪。嫉妒者对别人的每一次成功都会产生痛苦，尽管有时候别人的成功并不会对他造成任何影响。这种情绪常常会出现在两种关系之中，一种是竞争关系，另一种是男女关系。

竞争关系诸如诸葛亮与周瑜。诸葛亮"草船借箭"的成功，并不会对周瑜造成什么伤害，而且是有益的；而之后借东风的成功，更是对周瑜"火烧赤壁"起到了决定性的作用。但是这些并没有换来周瑜对诸葛亮的尊敬，却激起了他更大的仇恨。

而说到男女关系，嫉妒情绪就更加常见了。在坎·希巴的现代剧《外套》中，讲述了这样一个故事：

玛蒂尔达与丈夫居住在南非黑人聚居区内。在过去的时间里，丈夫菲勒蒙一直是公认的好男人。有一天，他上午突然因事回到了家，发现家里还有另外一个男人赤身裸体地跟妻子躺在床上。慌乱之中，那个男人穿着衬衣推门而出，而他的外套留在了床边。接下来，菲勒蒙就开始用那件外套惩罚妻子。他强迫妻子每天都带着那件外套，在吃饭的时候还给那件外套喂饭，就算是星期天跟妻子一起散步，也要强迫妻子捧着那件外套在大街上走。如果妻子不愿意，他就威胁说会杀了她。玛蒂尔达反复表示，自己愿意悔过自新，并希望他们的婚姻能够维持下去。但是不管她怎么努力，菲勒蒙就是不肯原谅她。几个月之后，玛蒂尔达正在跟朋友聚会，菲勒蒙突然手里拿着那件外套闯了进来，他强迫自己的妻子将外套的来历讲给在场的人听，就像是警察拿着罪证去逼迫犯人那样。这样侮辱完妻子之后，菲勒蒙就离开了。由于他这样做了之后，心情并没有因此而好转，甚至比以前更糟糕了，他又跑到酒吧里借酒浇愁。等到他醉醺醺地回到家时，发现玛蒂尔达躺在床上，已经没有了呼吸……

其实，酿成这场悲剧的主要原因就是嫉妒。我们可以看出嫉妒是一种十分复杂的情感，其中糅合了恐惧、愤怒、悲伤、焦虑、绝望等诸多因素。此外，嫉妒往往是由于怀疑自己的心爱之人而引发的，因此它有可能让人觉得内疚，使人感到仇恨。

嫉妒的根源归根结底在于嫉妒者对自己的态度。正是因为嫉妒的人对自己的价值既怀疑又自负，所以他们不断地寻找证据来让自己失衡的心得到慰藉。培根说："嫉妒这恶魔总是在暗暗地、悄悄地'毁掉人间的好东西'。"

嫉妒情绪不仅容易让人产生偏见，还会影响人际关系。因此要正确地看待嫉妒心理，积极地对它进行疏导。我们可以从以下几个方面来进行：

1. 适当宣泄

任何情绪都不能压抑，嫉妒也一样，我们要认识到嫉妒是一种正常的负面情绪，不用压在心底，可以找一些交心的朋友或者亲人将自己的想法说出来，让他们帮助你阻止嫉妒向更严重的程度发展。

2. 客观评价

当意识到自己产生嫉妒情绪时，应及时调整自己的意识与行为，让自己站在一个比较客观的立场上来分析自我，找出差距与问题。

3. 看到他人的长处

如果无法避免跟他人比较，那么就要学会用正确的方法进行比较。学会扬长避短，自己的长处同样可能是对方的短处。充分看到自己跟他人的优缺点，在一定程度上可以减少嫉妒情绪。

4. 加强沟通

嫉妒往往是由猜忌引起的，因此要注重日常的交流与沟通，解除一些没必要的误会与麻烦。

嫉妒情绪每个人都有，如果能够学会控制，不仅可以减少这种情绪的负面影响，还有助于化嫉妒为动力，充分发挥自己的潜能。

别让过去的阴影堵住了现在的路

爱迪生说："没有放弃就没有选择，没有选择就没有发展。"人活一世，必然会遇到很多让人心生执念的事物，但是每个人的心灵就像是一个瓶子，容量总是有限的，我们不可能一路走，一路拽着那些让我们牵肠挂肚的东西不放。

生活向来是残忍而现实的，它常常会冷着脸逼迫你，交出一些东西，放下一些事情，不要把所有东西都攥在手里，不然手被占满了，就没有能力去抓更重要的东西了。

明代大学问家曹臣在《说典》中记录了这样一个故事：东汉大臣孟敏，在年轻的时候曾经卖过甑（古代蒸饭的一种瓦器）。有一次，他装甑的担子不小心掉到了地上，甑全都被摔碎了，他拿起担子头也不回地离开了。有人便追上他，上前询问说："甑坏了实在是太可惜了，为什么你连看都不看一眼呢？"孟敏十分坦诚地回答说："甑已经坏掉了，看又有什么用处呢？"是啊，甑再珍贵，再值钱，再跟自己的生活息息相关，已经摔破了，已经是无法挽回的损失了，你为它伤心落泪，叹息不已，总是盯着碎掉的甑哭泣，又有什么好处呢？

甑已经打破，无法恢复原状，任你后悔、疼惜、哀叹、伤心都没有用；任你捶胸顿足呼天喊地，悔断肠疼得心肝脾肺肾都无法正常运转，又有什么用呢？一味地伤心落泪，只会让坏心情占据你的内心，让自己一直生活在悔恨中。

过去的已经过去，已经写进了历史之中，我们不可能重新开始，也不可能从头改写。为了过去而哀伤，为了过去而遗憾，劳心伤神，对我们是没有一点好处的。沉溺在过去的错误之中，只会让你的情绪变得更加糟糕，不管是对事物还是对生活，都是一个无形的障碍，阻挡了你前行的步伐。

　　励志大师戴尔·卡耐基在事业刚刚起步的时候，曾在密苏里举办过一个成人教育班。由于没有办教育班的经验并且不懂得如何管理，卡耐基只好参考很多其他公司的宣传方法，投入了大量的资金用于广告宣传、租房和一些日常的开销。几个月之后，他发现虽然这种成人教育班在社会上的反响不错，但是自己所取得的经济效益很糟糕，一连数月的辛苦不仅没有什么收益，有时候甚至会出现亏损的情况。为此，卡耐基十分苦恼，他不断抱怨自己的疏忽大意。这种状态持续了相当长一段时间。在那段时间里，他一睁眼就愁眉不展，精神恍惚，情绪低落到极点，无法将刚开始的事业继续进行下去。最后，卡耐基只好去找他中学时的生物老师乔治·约翰逊商量，向他寻求心理上的帮助。老师只对他说了一句话："不要为打翻的牛奶哭泣。"

　　老师的一句话像一阵风将卡耐基的烦恼都吹散了。"是的，牛奶被打翻了，泼光了，怎么办？是看着被打翻的牛奶伤心哭泣，还是去做点别的？记住，牛奶被打翻已成事实，不可能重新装回瓶中，我们唯一能做的，就是吸取

教训，改正错误，不再重蹈覆辙，然后忘掉这些不愉快。"这是卡耐基经常对学生说的话。

聪明的人常以达观的心态来看待失败与错误，他们不会让已经成为历史的失败与错误影响现在的情绪，他们知道有些事情已经无法更改，因此要勇敢面对现实，冷静分析失败的缘由，吸取教训，重新投入新的事业中去。而愚蠢的人则总在为过去的错误或者失败而苦恼不已，让自己沉浸在坏情绪里，这毫无意义可言。

★测一测：你会对什么人产生怨恨情绪

没有人一生都不曾对谁产生过怨恨，只不过有人放下了仇恨，而有些人则一直怀着仇恨罢了。现在测一测，你会对什么样的人心怀怨恨吧。

1. 你对生活的看法跟大部分人都基本一致？

①不是→第 3 题

②是的→ 第 2 题

2. 你觉得你的家庭幸福吗？

①不幸福→ 第 4 题

②幸福→第 3 题

3. 父母的教育对你如今的生活产生了重大的影响？

①不是→第 5 题

②是的→第 4 题

4. 你在小时候是别人的跟班吗？

①不是→ 第 6 题

②是的→ 第 5 题

5. 你觉得人天生就有阶级吗？

①不是→第 7 题

②是的→ 第 6 题

6. 你会为了个人利益去拉拢别人吗？

①不是→ 第 8 题

②是的→ 第 7 题

7. 你认为自己很聪明，虽然你并不喜欢在别人面前卖弄？

①不是→ 第 9 题

②是的→ 第 8 题

8. 在被人欺骗之后，你只会疯狂报复，而不是随着时间流逝而淡忘？

①不是→ 第 10 题

②是的→ 第 9 题

9. 你工作了很多年，但是一直没能得到领导的赏识与重用？

①不是→ B

②是的→ A

10. 你觉得父母不够优秀，不能帮助你？

①不是→ D

②是的→ C

答案分析：

A. 羞辱你的人

你是一个有着很强自尊心也很敏感的人，在童年留下了一些阴影，因此成人之后，任何让你觉得被欺负、被占便宜的行为，都可能会引发你的仇恨心理。这并不是由于你心胸狭窄，而是由于你怕自己懦弱，因此你会对羞辱你的人一直怀恨在心。

B. 打压你的人

你是一个很有冲劲且很要强的人，如果有人看不起你，你并不会因此变得失落，而是会不断努力，争取做出一定的成绩给对方看。因此很多人都认为你是励志的榜样，但是不知道你心里还是对当年那些瞧不起你的人很介怀的，你的仇恨方式就是做得比他们好。

C. 对你负心的人

你对自己的智商有着超强的自信，甚至给人留下了自负的印象，总觉得自己能够完全猜透对方的所思所想，掌握对方的心理，因此当你发现有人背叛或者抛弃你的时候，你会十分气愤，很长时间都记恨这件事。

D. 伤害你家庭的人

你是有着很深家庭观念的人，将亲情看得很重要，你一直在很用心地保护着你的家庭与亲人，不允许别人破坏和离间你的家庭。所以对曾经伤害你家庭的人，你是一辈子都不会原谅并且会与之划清界限的。

第8章 不是世上太喧嚣，
而是你内心太浮躁

一口井，经过暴风雨的洗礼，井水依然清澈，是因为它知道如何沉淀。生命如水，要学会沉淀。不管外面多喧闹，沉淀必能使浮躁的心安静下来。

容颜的宿敌，除了岁月，还有焦虑

拥有迷人的外貌是很多人的梦想，这个梦想不分性别、不分年龄，几乎每个人都这么期望过。人们一直认为岁月是毁掉容颜的第一大宿敌，却往往忽略另一个影响容颜的重要因素，那就是情绪。

好莱坞女明星曼尔·奥勃朗从很早就明白忧虑会严重摧毁她在电影发展事业上的重要资本——美貌。

她曾经讲述过自己的一段经历：她在刚刚步入影坛的时候，就像一个突然闯入人类世界的小兽，又惊慌又害怕。那时候，她刚刚从印度回来，在伦敦没有一个熟人。她见了几个制片人，但是没人愿意雇用她。后来，她的积蓄也慢慢花光了。有两个星期，她只能靠一些饼干与水来充饥。当时她内心恐惧极了，还常常要忍受饥肠辘辘的感觉。她的意志也开始慢慢瓦解。她会对自己说："也许你太傻了，也许你永远也不可能闯进电影界。你没有经验，没演过戏。除了一张漂亮的脸蛋，你还有些什么呢？"

她站在镜子面前，开始认真观察镜子里面的自己，这时候她才发现忧虑已经慢慢毁掉了她的容貌了！眼角有了皱纹，一脸忧愁，她马上对自己说："你必须立即停止忧虑，你唯一的本钱就是容貌了，而忧虑会毁掉它的。"

忧虑是促使容颜衰老的催化剂，没有什么会比忧虑让一个女人老得更快了。忧虑情绪会在不知不觉中控制我们的表情，让我们变得咬牙切齿，愁眉苦脸，头发灰白，甚至会让你脸上出现让你心烦的雀斑、溃烂与粉刺等。

在现实生活中，我们常常会看到这样一种现象：经历了一些打击的人，往往会神情憔悴，好像一下子就老了好几岁。这正是由于焦虑情绪的困扰，让他们的身体和容貌发生了变化。而有些人一旦远离了焦虑情绪，容貌也会随之变好。比如一位皮肤粗糙不堪的女性，在某次人事调动之后，突然间仿佛全身的毒素都排出了，肌肤变得光洁娇嫩起来，发生了质的变化。

日本一名知名的女性心理专家曾经说过："我觉得化妆品不只是擦在肌肤上的东西，它更应该是擦拭在精神上的东西。我们经常说使用化妆品后人会变得心情舒畅，其实它还从更深层次上减轻了女性的精神苦痛。"

忧虑会腐蚀你的青春，是容貌的最大克星，拥有一份好心情就是最好的天然化妆品。如果你不想让你的眼睛周围那些皮肤特别薄的地方过早出现皱纹，请及时摆脱忧虑吧！

用忙碌将忧虑从心房删除

忧虑是一种极为缠人的情绪，一旦沾染上了就很难摆脱，而消除忧虑的最好方法就是让自己忙碌起来，做一些有意义的事情。当你把所有的心思都放在忙碌的事情上时，也就没有时间去担心这担心那了。

道格拉斯曾有一段时间一直沉浸在悲伤的情绪之中。他在短时间内，遭遇了两次重创。第一次是他十分疼爱的5岁小女儿突然因病去世，这让他跟妻子难以接受。10个月之后，上帝又赐给了他们一个女儿，这原本是件让人高兴的事情，但是女儿只来到世上5天，就被上帝召回了。接二连三的打击让他痛不欲生。

那段时间，他茶饭不思，无法休息或放松，精神垮掉了。在医生的建议下，他开始服药治疗，但是治标不治本。他觉得自己的身体就像是被夹在一把硕大的钳子里，而这把钳子愈夹愈紧。这种悲哀对他身心的摧残，旁人是很难体会到的。

不过，幸亏他并没有完全被上帝所遗弃。他还有一个4岁的儿子，也正是儿子帮助他走出了那段伤心的日子。

一天下午，道格拉斯一个人坐在沙发上为自己的生活悲伤难过的时候，儿子突然跑过来问他："爸爸，你能不能给我造一只小船？"道格拉斯对造船真的没有什么兴趣，事实上他对生活中的任何一件事都失去了兴趣。但是小家伙很缠人，无奈之下，道格拉斯只好满足小家伙的要求，答应给他做一条船。

做那条玩具船，整整花费了道格拉斯3个小时的时间，等到他将做好的船交到儿子手上的时候，他才猛然惊觉，在造船的3个小时里，他过得是那么平静且轻松。

几个月以来，他第一次面对自己生活中出现的问题。他发现，当自己专心致志地工作的时候，就根本没有时间忧虑了。于是，他准备用工作填满自己的时间。

第二天晚上，他巡视了家里每一个房间，将该做的事情列了一张清单。家里有很多东西需要维修：楼梯、窗帘、门把手、门锁、漏水的龙头等。在短短几天的时间里，他罗列出了200多件需要处理的事情。

两年过后，清单上的事情基本都处理完了。他开始充实自己的生活内容，参加各种有意义的社会活动。如今他的生活十分充实，再也没时间忧虑了。

"没有时间忧虑"正是丘吉尔在"二战"战事最紧张的关头说的话，那时候他每天都需要工作18个小时之久。有人曾经问他是否会因为担负着如此重大的责任而感到焦虑，他回答说："我实在是太忙了，以至于我没有时间忧虑。"

为什么忙碌能够将忧虑从心房删除呢？心理学中有一个最基本的原则：一心不能二用。也就是说，不管是多么聪明的一个人，都不可能在同一时间去考虑两件不同的事情。人的情感就是这样，不可能一边兴奋地去考虑一件开心的事情，又同时对另外一件事情充满忧虑。

正如作家丁尔生在最好的朋友亚瑟·哈兰去世的时候所说的："我一定要让自己沉浸在工作中，否则我就会因绝望而烦恼。"

对于大多数人而言，当他们专心于自己的工作并忙得团团转的时候，精神往往是不会出现太大问题的。但是一旦闲下来，可以自由支配时间之后，忧虑这个小恶魔就会趁机而入，开始将你空下来的大脑填满。填进去的往往都是一些杂乱无章的情绪，比如我们会开始想："今天出门有没有关窗户啊，万一下雨怎么办……"

如果我们不让自己保持忙碌的状态，总是发呆，那么就会胡思乱想。它们会一点点将我们引入偏向负面的臆想之中，一点点蚕食我们的人生。

因此，当你感到忧虑的时候，不妨让自己动起来。人一动起来，血液就会加速流动，思维也开始变得敏锐起来，还有什么是比忙碌更便宜、疗效更好的治疗焦虑的特效药呢？

为琐事牵肠挂肚，不过是因为你没经历过大事

有时候，我们可以在面对岁月里的狂风暴雨、电闪雷鸣的侵袭时从容淡定，可在面对一些不起眼的小事时，总是焦头烂额。

曾经发生过一件极具戏剧性的故事，故事的主人公是来自新泽西州的罗勒·摩尔。

　　1945 年 3 月，罗勒·摩尔在中南半岛附近 276 英尺深的海下，经历了一场生死考验。当时，他在一艘名叫贝耶号的潜水艇上，里面共有 88 位船员。他们的雷达显示发现了一支日军舰队——一艘驱逐护航舰、一艘油轮和一艘布雷舰正朝着他们驶来。当时正值黎明时分，潜水艇开始上浮寻找进攻时机。罗勒·摩尔向驱逐舰发射了三枚鱼雷，但是都没有命中目标。驱逐舰看上去并没有发现自己正在遭受攻击，依然平稳地向前行驶。就在罗勒·摩尔所在的军队准备有计划地对航行在最后的布雷舰发起攻击的时候，它却突然掉过头来，径直朝贝耶号行驶过来。原来，当时日军的一架飞机已经发现了藏在海面下 60 英尺处的潜水艇，并用无线电通知了那艘布雷舰。贝耶号紧急下潜到了 150 英尺深的地方，以免被敌方侦察到，同时做好应付深水炸弹的准备。他们紧急关闭了所有的舱盖，为了防止潜水艇发出声响，甚至将电扇、冷却系统和电动机都关掉了。

　　3 分钟后，天崩地裂，贝耶号开始遭受深水炸弹的攻击。如果深水炸弹在距离潜水艇不到 17 英尺的距离之内爆炸，潜水艇就会被炸出一个洞来。所有人都被命令躺在自己床上保持镇定。罗勒·摩尔被吓得无法呼吸，他不停地对自己说："这下死定了。"电扇和冷却系统全部关闭之后，温度迅速升高，可他怕得浑身发冷。15 个小时之后，敌方才停止攻击，因为他们用完了所有的深水炸弹。

　　在被攻击的 15 个小时里，罗勒·摩尔开始回想自己过去的生活，想起了自己曾经担心过的那些无聊的琐事。

　　在他参加海军前，曾经做过银行职员，那时他总觉得工作时间太长、薪水又不多，因此总是忧虑不已。他很讨厌银行的老板，因为对方总是会挑他毛病。他曾担忧没有钱买自己的房子，没有钱买车，没有钱给妻子买时髦的衣服。下班之后，当他拖着疲倦的身体回家的时候，还经常会为了一些无关紧要的小事跟妻子争吵不已。他会为了身上的一处小伤口而发愁。

多年之后，当年那些让他苦恼不已的事情，在深水炸弹威胁生命的时候，都显得那么微不足道。他对自己发誓，只要能活着离开潜水艇，他永远都不会为小事而忧愁。他觉得这 15 个小时里学到的东西，比自己上了那么多年学学到的东西都多得多。

"世上本无事，庸人自扰之"，我们有时候总是过于看重琐碎小事带来的负面影响，让它们把自己弄得烦躁不已，整个人都十分沮丧。其实，这一切都是因为我们夸大了那些小事的重要性。英国的迪斯雷利首相曾说过："生命太短促了，不要再只顾小事了。"

因此，在忧虑毁了你之前，请先改掉忧虑的习惯，不要让自己因为生活中的那些琐碎的小事而烦恼，因为生命太短促了。

> 谁的生活没有烦恼？有人放任坏情绪滋长蔓延，有人用冷静平和的心态修炼自己。控制情绪不是压抑情绪，而是学会处理它。别因为坏情绪影响，在日复一日的焦虑中消耗自己。

在孤军奋战时，寻找自己的后援力量

没有人是可以脱离社会而存在的，每个人都有其特定的关系网络——亲人、朋友、同学、同事、合作伙伴等。这些人在很多时候，会成为一种支撑我们的力量。

有些事情注定无法一个人解决，这时候就需要我们主动寻找自己的后援力量。孤军奋战固然勇气可嘉，却难有胜算，尤其当敌人是消极情绪的时候，我们需要找到支持者，不然很容易成为消极情绪的牺牲品，变得焦躁不安，觉得心力交瘁。而如果能够在陷入焦虑情绪的时候，向周围人求助，那么肩上的重担就会减轻很多，心情也会变得轻松下来。

家人和朋友永远是我们最强的后援力量，除了可以一起分享快乐，他们也会帮助我们分担忧愁。在遇到麻烦的时候，有个可以倾诉的对象，对很多人来说，是一件十分难能可贵的事情。

出生于美国密西西比州的杰克在一个偏僻的小镇上长大，他从小就立志当一名演员。15岁的时候，他报名参加了一个娱乐公司的培训，那时候他以为自己能够很快实现自己的梦想，然而现实给了他重重一击。

虽然杰克凭借自己的幽默和口才成功地在一群练习生中脱颖而出，还没有正式出道就有了一大群粉丝，但是他并没有因此而得到公司的青睐。有些比他后进入公司的人都得到了参加电影或者电视剧拍摄的机会，而杰克却迟迟等不到自己出道的机会。到了他20岁那年，很多同一时期进入公司的练习生都相继出道，而杰克像被公司高层遗忘的孩子，只能在一些小型活动上露面。

随着公司工作的减少，微薄的薪水让他开始陷入困境，为此他开始变得郁郁寡欢起来。他不知道自己的明天在哪里，因此开始得过且过，每天都愁眉苦脸，十分浮躁。后来，在一次活动中，他遇到了一位在演艺圈打拼多年的前辈。喝了一些酒之后，他壮着胆开始向前辈诉苦，他说："我已经20岁了，还没有出演一部作品，我没有退路了，我要怎么办啊？"

杰克对未来的困惑，让前辈觉得好笑，不过还是认真地给他提出了自己的建议："你才20岁，你的未来还有无限可能，你的人生才刚刚开始。也许现在你有很多烦恼，这不要紧，每个人在不同的时期都会有一定的烦恼。现在不妨将你的烦恼全都告诉我吧！"

终于找到了倾诉对象，杰克把自己的担忧一下子全都说了出来。前辈给了他一些建设性的意见，告诉他要坚持做下去。从那次交谈之后，他感觉自己的心情明显舒畅了很多。那是他最近说话最多的一天。从那以后，杰克重新审视了自己，并继续努力，最终成功地在一年之后出道，出演了一部电影，并因此一鸣惊人。

很多人都有过与杰克类似的经历，缺少社会支持与帮助，也没人可以提出具有建设性的意见。结果，他们往往会感到迷茫，并为此而焦虑不已。如果他们可以和信任的人沟通，获取他人的支持，那么就可以避免陷入这种空虚与无助之中。

　　很多人拼尽全力地去做一件事，希望可以获得精神上的满足或者事业上的成功，但是一番付出之后，却没有让他们得偿所愿，如此一来焦虑等情绪就会乘虚而入。聪明的人善于通过获取支持来化解心中的焦虑情绪。因此，**遇到麻烦事的时候，不要总是一个人扛着，有时候向他人寻求帮助，很多问题就会迎刃而解。这不仅是做事的方法，更是让自己保持良好情绪的秘诀。**

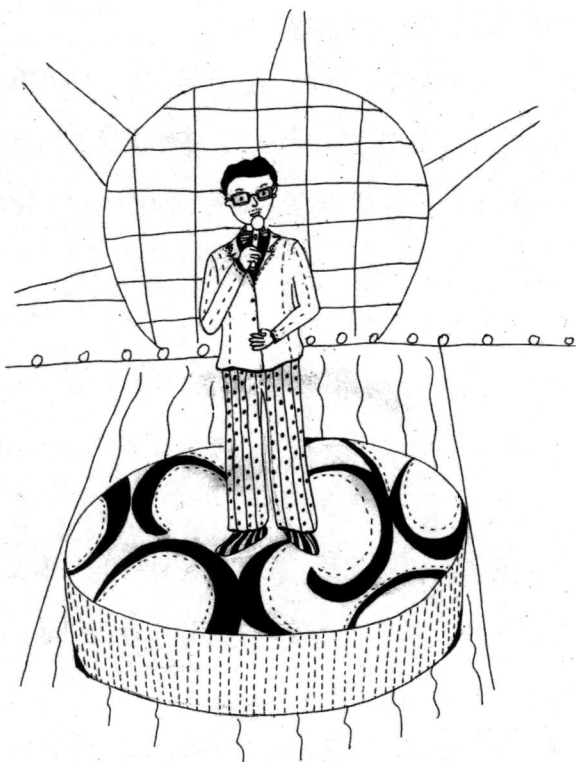

虽有焦虑，但无困境

人总要面临一些莫名的焦虑，比如在高考前夕，我们会焦虑，因为差一分可能就让你与自己理想中的大学失之交臂；大学快毕业的时候，我们有焦虑，不知要继续考研，还是就业。

其实生命是一个不断积累的过程，绝不会由于一件事而毁掉一个人的一生，也不会因为一件事而让一个人一生高枕无忧。如果我们能够看清这个事实，就能够对很多所谓的关乎人一生的重大决策淡然处之，不再焦虑。

嫣安学习优秀，一直是老师和家长眼中能够考入重点大学的种子选手。考试临近，她却开始焦躁不安起来，每当有考试，她总是莫名其妙地拉肚子。

事情起于高三上学期的期末考。在考试的前一天，嫣安就出现了拉肚子的状况，甚至连期末考都没能参加。当时以为是吃坏了肚子，在医院里输了液就好了，父母也没放在心上。

可在进入高三下学期之后，学校对高三学生采取了月考的模式。在下学期的第一次月考的前一天，嫣安又开始拉肚子，只好去医院就诊，还特意做了一次全身体检，但是并没有发现什么问题。同样的情况在第二次月考的时候又出现了，嫣安的父母觉得情况不太正常，就去学校找班主任了解情况。

班主任说，嫣安在学校表现得很正常，老师也不明白到底哪里出了问题，觉得可能是因为嫣安给自己的压力过大。经过跟老师的沟通，家长也认为可能是平时自己给孩子的压力过大，而嫣安自己的要求又很高所以造成了考前焦虑。从此之后，父母开始注意不给孩子过大的压力，嫣安在考前焦虑的情况也减轻了不少。两个月之后就恢复正常了。

有时人们常常会将一时际遇中的小差别放大到生死攸关的地步，从而把自己逼进一个死胡同里。世界上没有那么多绝对的事情，一个人可能在升学过程中遭遇困境，事业上却能够获得成功。有能力的人，并不会因为没上一所好学校而埋没了自己的才华，他终究能够找到适合自己表现的舞台。福祸如何，没人能够全部知晓，我们又有什么好得意的，又有什么好忧虑的？人生的得与失，谁也说不清楚，所以重要的不是去跟别人较量高低，而是努力去做自己想要做的事情。功不唐捐，最后该得到的不会少给你一分，不该得到的也不会多你给一分。假如你一直怀着这样的信念，又有什么可焦虑的呢？

★测一测：你焦虑吗

对于不同年龄、不同性别的人来说，焦虑的分布也有着明显的区别。相比老年人，年轻人更容易焦虑，因为年轻人往往心智还不成熟，社会经验不足，控制情绪的能力也比较弱；而相较于男性而言，女性则更为感性，更容易焦虑。你是否也焦虑了呢？下面是一些测试题，每道题有四个选项，分别是：A. 没有；B. 少部分时间；C. 大部分时间；D. 绝大部分甚至是全部时间。该测试题为单项选择题，请勿多选。

1. 觉得自己在平时十分容易陷入紧张或着急的情绪中。

2. 经常会无缘无故地感到害怕。

3. 经常会觉得心里烦乱或者感到恐慌。

4. 有时候觉得自己马上就要发疯。

5. 觉得身边的一切都很好，并不会有什么不好的事情发生。（反向问题）

6. 在紧张的时候，手脚会不受控制地发抖。

7. 经常会因为头疼、颈痛或背痛而感到苦恼。

8. 经常觉得自己容易陷入疲惫乏力的状态中。

9. 觉得自己能够保持心平气和，并能长时间安静地坐着。（反向问题）

10. 觉得自己处于陌生环境的时候，心跳会很快。

11. 会因为紧张而感到头晕，并为此苦恼不已。

12. 曾有过晕倒或者近似晕倒的感觉。

13. 呼吸十分顺畅，并没有发现什么问题。（反向问题）

14. 时常会觉得手脚麻木和刺痛。

15. 常常会由于胃痛和消化不良而苦恼不已。

16. 一紧张就想要小便。

17. 手脚常常是干燥温暖的。（反向问题）

18. 被很多人注视的时候，会脸红。

19. 很容易进入睡眠，并且睡眠质量一直很好。（反向问题）

20. 经常做噩梦。

计分：正向问题 A、B、C、D 按 1，2，3，4 的分值来计分；反向计分题按 4，3，2，1 的分值来计分。

反向计分题号：5，9，13，17，19。

分值计算方法：

将 20 道题的得分相加算出总分"Z"。

根据公式 $Y = 1.25 \times Z$ 计算，取整数。

若 $Y < 35$，则表示心理健康，没有焦虑症状；

若 $35 \leq Y < 55$，则表示偶尔会出现焦虑，但是症状轻微；

若 $55 \leq Y < 65$，则表示经常焦虑，中度症状；

若 $65 \leq Y$，则表示有重度焦虑，请联系医生寻求帮助。

上面的测试只是一种简单的自测方式，并不能准确地对你的焦虑症做出判断。但是测试结果可以对你最近的心理状况做出大致的判断，如果得出的结果趋向于严重化发展，那么你就有必要找专业的相关医师进行询问并及时医治。

第9章　做内心强大的自己，
在不安的世界里给自己安全感

毕淑敏说，一个人对未来的真正慷慨是把一切努力献给现在。

并且她曾写道："生命中要有一颗大心，才能盛得下喜怒，输得出力量。"

你要对自己的恐惧负全责

培根曾经说过："恐惧是粉碎人类个性最可怕的敌人。"

诺埃尔·汉考克 29 岁的一天，正跟男友在阿鲁巴海滩上度假。他们享受着海滩凉爽的海风和明媚的阳光，一切都如预料中那么美好。一通紧急电话，让她愉快的心情在猝不及防中终结。同事打电话通知她，她所在的公司突然倒闭，所有员工都被解雇了。

这个消息对诺埃尔来说简直就是晴天霹雳，她度假的心情瞬间被恐惧笼罩。她不知所措，不知道未来在哪儿，害怕找工作，同时又担心自己如果找到工作了跟新同事相处不好怎么办……恐惧情绪笼罩了她好几个星期。直到她看到埃莉诺·罗斯福曾经说过的一句话："每天做一件令你恐惧的事。"

她的脑海里开始浮现各种场景：由于担心自己的想法被人嘲笑，所以她很少会发表意见；因为害怕在众人面前发表演讲，因此她不会在小组会议中发言；就算工作完成得不好，她也想继续赖在公司，因为留下来比离开容易；去市场买东西，因为觉得讨价还价很尴尬，所以卖家说多少她就付多少……

想到这些，诺埃尔突然发现原来做什么事情都自信满满的自己，不知不觉间开始变得做什么事情都畏首畏尾。

看清情况以后，她决定把自己从恐惧中救出来。她做了一个决定：每星期至少做两件让自己感到害怕的事情。

她把自己的恐惧分为了生理的恐惧和心理的恐惧。在挑战的时候，她找到了很多应对恐惧的方法，比如面对海浪，与之顽强对抗，不如潜入海浪之中去面对。在与恐惧时时相处和战斗的一年后，诺埃尔走出了失业的阴影，准备重新整装上阵。

恐惧是人类天生的一种心理状态与情绪，是由于一些无法预料的因素让人们在心理或者生理上出现不适应的强烈反应。

很多人产生恐惧之后，伴有生理上的现象，如颤抖、眩晕、脸红、紧张、心悸、恶心、小便失禁、呼吸急促。还有些恐惧是心理层面的，比如害怕与上司发生冲突，害怕考试，害怕遭人拒绝，害怕犯错误，害怕生病等。

其实，导致恐惧情绪产生的"罪魁祸首"是我们自己，很多我们感到害怕的东西，都是我们臆想出来的。心理学家研究认为：当人们察觉凭借自己的能力无法完成一件事或可能会搞砸一件事的时候，恐惧就产生了。有些恐惧，只要你敢于尝试就能不攻自破。

恐惧的表现形式主要分为三种情况。

第一，害怕事物和某些场所。比如害怕动物（蛇、老鼠、蜘蛛等），害怕雷电、火、酷热、寒冷、黑暗，害怕乘电梯、过隧道、过桥、穿过大广场，害怕乘飞机、汽车，害怕封闭的空间。

第二，害怕患上恐惧症，害怕患上惊恐突发症。

第三，人际关系和社会方面的恐惧。害怕受批评，害怕遭拒绝，害怕碰壁，害怕结果，害怕权威，害怕孤独，害怕伤害亲近的人……

面对恐惧总是逃避，虽然从短时间来看是一种解决办法，但是长期来看，则是十分消极的，只会让自己做事越来越受限。他们会将这种恐惧扩展到越来越多的领域，让恐惧愈演愈烈。

有人会找一个人陪伴来减轻恐惧。但长时间后，便会产生依赖心理，越来越没有能力单独去做点什么。而且，这种方法往往隐藏着另一种动机：借恐惧得到别人的支持和关注，不必单独承担责任。

当然，大多数人将恐惧评价为消极的现象。恐惧意味着无能和懦弱，因此费尽心机地在其他人面前掩饰恐惧。这些都是不可取的。

在输得起的年纪，遇见勇敢的自己

人生中有太多的时刻让我们手足无措、惶惶不安，想要找个没人发现的地方躲起来，可是在逃避的时候连自己都会在心里嫌弃自己。我们其实未必有想象中那么怯懦，只是有了一些逃避的念头，便开始变得胆小起来。

青春是上帝赐给人类的恩惠，总有一天会收回。因此在他收回之前，我们是否应该好好地利用一下青春的资本，做一个勇敢前行的人呢？毕竟没人愿意唯唯诺诺地过一辈子，没人愿意让自己永远置身于恐惧的情绪里。

索菲娅从有记忆开始就陷入了恐惧之中，她在刚来到这个世界不久之后，就被亲生父母遗弃在了孤儿院门口。也许从那一刻起，她就对这个世界有了挥之不去的恐惧感。她在上课的时候，不敢在课堂上发言，老师叫她回答问题的时候，她都会瑟瑟发抖；她还不敢跟小伙伴玩游戏，总是一个人默默地躲在角落里。

显然，父母的遗弃对索菲娅造成了无法弥补的重大伤害，以至于她对周围的人都缺乏基本的信任感，同时还诱发了她的自卑情绪，令她认为自己是世界上最让人讨厌的孩子。

这种恐惧情绪一直伴随着索菲娅，直到她上了大学。那一年她18岁，看着其他同学都在积极参加各种社团活动，索菲娅很羡慕，但是她始终没有勇气加入进去。她像是对整个世界都过敏，怯懦地躲在自己的小空间里。老师很快就注意到了索菲娅胆小孤僻的性格，于是请她去参加一个社团活动，说那个社团缺少人手。开始的时候，索菲娅一再拒绝，但是看到老师请求的眼神，就勉强答应了下来。

索菲娅小心翼翼地加入团队之中，原以为团员会疏离自己，没想到大家都很喜欢她，这让她开始慢慢尝试去跟大家接触。她加入的社团经常开展一些户外极限挑战的活动，同学们会尝试一些挑战个人心理或者身体极限的运动，比如蹦极、攀岩、野外露营等。索菲娅第一次站到蹦极台上的时候，感觉心脏都要从胸腔里跳出来了，双腿也不受控制地开始打颤。朋友们都在鼓励她，为了让她对自己有信心，有些同学还先做了示范。

看到其他同学都勇敢地从台上纵身一跃，索菲娅深受震撼。虽然她还是存在一些恐惧，但是最终还是鼓起勇气决定试一试。索菲娅深吸一口气，双手交叉放在胸前，然后勇敢地跳了出去。她本能地大叫起来，睁开双眼，马上就被眼前的景色惊呆了。原来景色这么美，她感觉棒极了，自己好像是一只鸟在天空中翱翔，心灵从没这么放松过。

蹦极结束之后，同学们都围着她夸奖她，索菲娅从那一刻起才明白，有些事情并没有自己想象的那么可怕，只要鼓起勇气去尝试，就会创造奇迹。自己还这么年轻，不应该每天都生活在恐惧里，应该去大胆尝试。

索菲娅就这样迈出了第一步，体会到了突破自我的乐趣，成功战胜了自己的恐惧情绪。日本著名作家村上春树说过："不管世上所有人怎么说，我都认为自己的感受才是正确的。"人们的感受往往来自自身的体验，只有敢于尝试才能获取更多的感受。

恐惧一些东西是一种正常的心理，关键是不要让它长期控制你。时间是极其宝贵的，青春也只有一次，不去尝试永远成就不了非凡的自己。在输得起的年纪，就不要总是畏惧，因为输得起，你也赢得起。

每个人都有一对闪闪发光的翅膀

强则胜，弱则败，这被很多人认为是理所当然的事情，人们在这种理所当然的事情面前往往无计可施，觉得别无他法。其实，弱虽然是一种既成结果，但并不代表世界末日。弱者有弱者的姿态，即便弱小也想要获胜。现在的弱势不代表将来就不能变得伟大。只要你敢于不断地挑战自己，经过岁月的磨炼，每个人都会拥有一对闪闪发光的翅膀，在自己的岁月里破茧成蝶。毕竟不管做什么，没人从一开始就能够知道结果。活着就是不断战胜自己，反复地进行假设与实验的过程。你的畏惧情绪可能会拉住你，不让你前行，但是你要记住，勇气是上帝赐予人们的特权，只有活着的人才能体验。

在漫长的青春岁月里，森森一直是个自卑的孩子，那时候她又黑又瘦，留着一头短发，经常穿着姐姐的洗得发白的旧校服，有起伏不定的学习成绩……

她的班上有个学习很好的孩子叫黄灿灿，第一次期末考试的时候，黄灿灿就拿了全班第一。她不仅学习成绩好，而且人也长得漂亮，性格也开朗。

在黄灿灿的映衬下，森森觉得自己就像是长在鲜花旁的小草一样，永远都引不起别人的注意。高三结束的时候，黄灿灿不出意料地考入了一所重点大学，而森森则只考进了一所普通的二本院校。

进入大学的那一刻，森森心情很复杂，她觉得自己不能再这样继续下去了，她要学会突破自己。在大学的四年里，她异常努力，将所有时间都花在了学习上。毕业之后，由于成绩优异，很多公司都向她抛出了橄榄枝，最后她选择留校任教。森森的生活在她的努力之下，一点点地与理想中的生活不断靠近。

当黑黑瘦瘦的她勇敢地走到学生面前，认真地讲每一节课的时候，她觉得讲台已经变成了她的舞台。而学生的反馈也很好，总是夸她长得漂亮、教得好。

她将年少时的心事讲给后来的男友听，帅气的男友捏着她的鼻子，微笑着说："傻丫头，你不知道你现在有多美。你是我见过的工作状态最饱满的女孩子，而且无论对谁都热心，我最看重的就是你这颗善良的心。"

后来她跟男友结了婚，生活从最初的清苦到最后的逐渐富裕，对生活的热爱始终不减，态度积极得像一棵向日葵。

生活在不知不觉中赋予了她很多美丽的东西，她开始明白，自信是女孩子身上最漂亮的锦衣，穿上它，每个女孩子都可以变成美丽的公主，因为生活总是偏爱热情善良的人。

毕业很多年之后，高中同学聚会，森森再次看到了黄灿灿，她依然那么美丽动人，只是这时候森森站在黄灿灿身边，早已没有了往日的自卑。

每个人都能拥有一对闪闪发光的翅膀，在自己的岁月里破茧成蝶。

心理学家认为："行动是思想的敌人，经历是自信的基石。"自卑的人可以通过自己的努力来获得成就感。

1. 先要搞清楚自己内心的冲突

一个无法实现或者暂时难以实现的理想中的自我形象与真实自我之间的冲突，会让一个人越来越自卑。

2. 接纳真实的自我

接纳自己的价值观与性格，全面客观地评价自己的性格优势与劣势。

3. 敢于经历

刚开始尽量去做符合自己性格的事情，慢慢积累成就感，然后不断提升对自己的要求，不急不躁地获取成就感与自信心。

4. 受挫时要善于应对

在受挫时，一是不要太过于关注自己受挫的感受，那样的感觉只会越来越糟，二是考察自己解决问题的角度。尽量将受挫的原因分析全面，不要钻牛角尖。

> 约翰米尔顿说：一个人如果能控制自己的激情、欲望和恐惧，就胜过国王。

人生路漫漫，只要敢于突破，我们就有化茧成蝶的一天。

恐惧不过是自己在吓自己

塞涅卡说："命运害怕勇敢的人，而专去欺负胆小鬼。"其实在心理学家看来，恐惧表现的是大脑的一种非正常状态。人们就像拒绝毒瘤一样拒绝接受恐惧，然而它已经被自己的意识深埋心底。

法国著名的文学家蒙田说过："谁害怕受苦，谁就已经因为害怕而在受苦了。"中国宋朝理学家程颢、程颐认为："人多恐惧之心，乃是烛理不明。"亚里士多德说得更明确："我们不恐惧那些我们相信不会降临在我们头上的东西，也不恐惧那些我们相信不会给我们招致事端的人，因此，恐惧的意思是：恐惧是那些相信某事物已降临到他们身上的人感觉到的，恐惧是特殊的人以特殊的方式，并在特殊的时间条件下产生的。"显然，恐惧由心生，恐惧源于害怕，害怕源于无知。

有些人常说无知者无畏，其实无知者有时候往往会更加畏惧。怕了一辈子鬼的人，恐怕一辈子都没见过鬼，这是自己吓唬自己。世上没有什么事能真正让人恐惧，恐惧只不过是人心中的一种无形障碍罢了。不少人碰到棘手的问题时，习惯设想出许多不存在的困难，这自然就产生了恐惧感。事实上，你只要勇敢地迈出一步，就会发现现实没有我们想象的那么可怕。

　　恐惧情绪是我们人生面临的很重要的一项挑战。没来由的、荒谬可笑的恐惧常常将我们囚禁在一个自己构筑的无形的监牢里。其实，在很多时候，恐惧无法对我们造成伤害，我们需要克服自己的恐惧情绪，突破个人的心理障碍。

　　在宾夕法尼亚州，一个流浪汉在森林里迷了路，夜幕慢慢降临，整片森林就像童话故事里所讲到的，慢慢变得黑暗起来，仿佛四周都充满了未知的危险。流浪汉是个人高马大的正处于壮年的人，但是看到自己所处的环境也不由得开始犯怵。他小心翼翼地走着，生怕自己一不小心掉入深坑或者沼泽之中，或者跟潜藏在黑暗里的饥饿野兽遭遇。他已经想象出那些野兽虎视眈眈地盯着自己的场景。恐惧就像是一个火苗，一旦点着了，就会蔓延成大火，不断地烧向他的内心。他每走一步，就觉得下一步将会面临死亡。

　　就在这时，他抬头看了看天空，发现星光若隐若现，不知怎的，他的内心升起了一片光明。他开始鼓起勇气，大步向前迈进，没走多远，就发现前面有位路人。流浪汉快步赶了上去，马上跟他交谈起来。那位陌生人十分友善，两人一边走一边聊了起来。

　　就这样，他们互相搀扶着走了很长一段时间，可是没过多久，流浪汉就发现这个陌生人其实跟自己一样迷茫。在纠结了很长时间以后，流浪汉决定离开这个迷茫的伙伴，继续走自己的路线。不久之后，他又遇到了第二位陌生人，那个陌生人自信满满地说自己拥有能够走出森林的地图。于是他就跟着这个陌生人走，可是他越走越觉得不对劲，很快他就发现这个陌生人不过是在自欺欺人罢了，所谓的地图也不过是为了掩饰恐惧而自我欺骗的手段而已。

于是，流浪汉又一次回到自己的路线上，他在恐惧中继续走着。就当他感到绝望的时候，无意中将手插入了自己的口袋里，竟然发现了一张正确的地图。流浪汉若有所悟，原来一路的恐惧只不过是自己吓自己，解除恐惧的魔咒竟然就在自己的身上。

每个人其实都是一个流浪汉，地图就藏在自己的心中，指引着我们穿过令人忧虑与恐惧的森林。在面对恐惧的时候，唯一可以给你希望的就是你自己。在忐忑不安的情绪支配下，一种未知的焦虑会慢慢转化为恐惧与惊慌。

在这种情况下，一旦我们出现了一丝怯懦或者放弃的念头，那么这个念头就会迅速蔓延，最终导致我们自暴自弃，走向失败……

想要解决这个问题，我们就要勇于认清自我，相信自我，摸一摸自己的口袋，或许里面就藏着你想要的地图。

★测一测：你最害怕什么

1. 笑的时候会用手捂住嘴吗?

①是 → 第 3 题

②不是 → 第 2 题

2. 现在有很欣赏的偶像吗?

①有 → 第 4 题

②没有 → 第 5 题

3. 你会去看杂志上的占卜吗?

①一定会看 → 第 6 题

②一般不会看 → 第 5 题

4. 睡醒之后发现自己迟到了?

①会很慌乱 → 第 7 题

②既然已经迟到了，索性就再晚点吧 → 第 8 题

5. 晚上往往会躲进被子里，常常睡不着?

①是 → 第 9 题

②不是 → 第 8 题

6. 曾经会莫名其妙地觉得后背发凉?

①是 → 第 10 题

②不是 → 第 9 题

7. 从下面看高楼的时候也会觉得头晕？

①是 → 第 11 题

②不是 → 第 8 题

8. 在踢足球的时候，会拼命奔跑？

①是 → 第 11 题

②不是 → 第 12 题

9. 在自己独处的时候，往往会脑洞大开？

①是 → 第 13 题

②不是 → 第 12 题

10. 如果必须从下面的行动中选一个，你会选哪个？

①端坐 20 分钟 → 第 13 题

②快走 30 分钟 → 第 9 题

11. 要你去玩游乐场的鬼屋的话？

①哇，绝对不玩的 → 第 14 题

②还不错，而且也不害怕 → 第 15 题

12. 如果被人批评了？

①骂回去，一点也不认输 → 第 15 题

②说不出话来 → 第 16 题

13. 如果看到自己的血流出来，会觉得？

①意外的平静 → 第 17 题

②不敢看 → 第 16 题

14. 在脚够不到的地方游泳也没有问题？

①是 → 第 15 题

②不是 → A

15. 你认为哪种情况是最可怜的?

①中箭的鸟 → B

②掉进池塘的猫 → A

16. 在读书的时候，看到悲伤的情节会哭吗?

①会 → C

②不会 → B

17. 看到墙上的污点常常会想象成人脸吗?

①会 → D

②不会 → C

答案分析：

A.你最害怕和担心的是自然灾害

在你看来，世界上最让人恐惧的就是无法抗衡的自然灾害，比如地震、海啸这类的事件。只要想到这种事情，就会让你陷入恐慌之中。其实，自然灾害并不会常发，调整心态，做好准备，这种事情就不用放在心上了。

B.你最害怕的是意外

意外确实是可怕的，不过既然是意外那就无法预测。我们为什么要为无法预测或者根本不会发生的事情担心呢？也许你越担心反而会越容易出现意外呢！放宽心，你并不会那么倒霉的。

C.领导或长辈是你最害怕的

你很怕面对老师或者长辈，总觉得跟他们有距离。不过有些事情是你想太多了，如果你鼓起勇气去接触他们就会发现，这些人并没有你想象的那么可怕。

D.妖怪或怪物是你最害怕的

可能是鬼故事听多了吧，你总是能想象出鬼怪的样子来吓自己。不过这些东西本来就是你想象出来的，与其这样，不如把这些不快乐的经历通通忘掉，消除他们在你脑中的印记吧！

第10章 扛住压力，
全世界都是你的配角

著名主持人朱迅在《主持人大赛》上说："今天，你扛住了多大的压力，明天你就受得起多美的赞誉。" 生而为人，我们就是需要扛得住压力，耐得住孤独，沉得住气。

弱者被侮辱压垮，强者会让侮辱成为奖章

生活在社会之中，遭到侮辱或者诋毁是在所难免的，这些侮辱有些是别人无意中造成的，更多的则是故意而为。如果你总是将他人对你的侮辱放在心上，情绪难免会受到影响，而这时那些人的目的就达到了，他们的目的就是扰乱你的内心。古人云："必有大凋落而后有大发生，必有大摧折而后才有大成就。"我们要明白不管做什么事都是这样的，只有经过了折损、患难、屈辱、轻视、嘲弄，才能拥有强大的生命韧性。

生活就是这样，人在成长的过程中，难免会遭到这样或者那样的侮辱。在我们遭受侮辱的时候，应该如何去看待它们，如何去对待，都是你自己来决定的。当然，如果你过于沉浸其中，那么你就正好上了对手的当。你要明白，侮辱正是因为对方害怕你，怕你会获得成功，超越他，所以他要费尽心机地打击你的自信心。

生命有了涟漪，才能足够精彩；只有被困难浸泡过的人生，才足够有味。正如作家钟玲所说："严肃的悲哀，沉重的失落，往往会带给我们对生命更深一层的体会。真的，没有什么比在深沉悲哀中，让我们更接近生命的本质。"

每个人的生命中，都或多或少有一些因为他人侮辱而留下的伤痕，这些伤痕正是证明你成长的刻度，提醒你，你在不断地成熟，可以透过

现象看清真相，可以看透人事的无常与世事的无奈。一位美国作家曾说："水果不仅需要阳光，也需要凉液。寒冷的雨水能使它成熟。"

你不可能取悦所有人

不管你付出怎样的努力，哪怕你在奥运会上拿到了金牌，或者你是万人追捧的偶像明星，你也无法保证所有人都会喜欢你。每个人都有自己的喜好，就像吃菜一样，每个人的口味都是不同的，我们不能强求他们保持统一。

有些人总是会有意无意地在意他人的看法，在面对别人的批评和指责的时候，苛责自己，结果在别人的言论中迷失了自己。钟立风在《短歌集》里说过这么一句话："你从不讨好任何人，包括你自己。听懂你的人，都安静了。"我们不用讨好别人，你只要取悦自己就够了。

生活告诉我们，如果你期待每个人都喜欢你，你必须要求自己完美无瑕。而有些时候，就算是完美无瑕，也不能得到别人的喜欢。因此，给自己的压力太大，最后压垮的只有自己。

住在美国北卡罗来纳州的米歇尔太太曾经是个敏感内向的女孩。她身材偏胖，加上肥嘟嘟的小脸颊，让她显得更胖了。她有一个很刻薄的母亲，觉得女孩子就应该漂漂亮亮的，但是自己的女儿总是会把衣服撑破。米歇尔太太从小就极力搞好自己的学习，参加能参加的聚会，但是每次都会被人奚落。后来，她慢慢地开始自卑起来，拒绝了所有聚会的邀约，也不去主动结交朋友。

长大之后，米歇尔太太的情况并没有好转。她嫁给了一位大她几岁的丈夫，丈夫很稳重且自信。后来丈夫发现了妻子的情况，也试图帮助她，但是适得其反，米歇尔太太变得更加不自信，而且越来越敏感易怒，害怕见朋友。每次跟丈夫参加聚会，都会尽量假装开心，因为她害怕被别人认为是个异类，但是常常因为装得过头，让自己累得半死。

后来，丈夫偶然的一句话改变了她。在跟丈夫讨论如何教育孩子的时候，丈夫说："我觉得要教会孩子，不要去试图讨好所有人，坚持自己的本色才是最重要的……"丈夫的一句话，让她茅塞顿开。从那以后，她开始化解外界给自己的压力，坚持自己的本色，培养自己的爱好，认清自己，而不是刻意讨好他人。

后来，米歇尔太太的朋友自然也越来越多。

我们周围的世界是纷繁复杂的，每个人对你的看法其实并不是统一的，你不能总去期待所有人都给你打好评。当然，我们总是会不自觉地期待别人的认可，比如今天穿了一件新衣服，会期待有人称赞自己。如果得到了大家一致的称赞就会很开心，而一旦有人挑出了其中的缺陷，就会很失落。

事实上，所有事情都有好的一面和坏的一面，每个人的思想不同，看法也会不同。就算是同一个人，随着社会经验、人生阅历的增加，看法也会改变。人生不是答题，没有固定的答案。很多时候，谁是谁非难以确定。如果非要把每件事都理清楚，那样就太过跟自己较真儿了。

歌德曾说："每个人都应该坚持走为自己开辟的道路，不被流言所吓倒，不受他人的观点所牵制。" 有记者请美国著名导演比尔·寇斯比谈谈成功的秘诀，比尔·寇斯比说道："我不知道成功的秘诀，不过我可以确定失败的教训，就是做人不要试图取悦所有的人。"

努力是击败压力的最佳方式

人之所以会产生压力，有很多是由于已经发生或者即将发生的生活事件引起的。比如没有完成的作业，即将到来的考试或者比赛，必须解决的问题等。这些压力的来源，每个人都很清楚，但是同一件事在不同人看来会有所差异，有些人认为这些根本就不足挂齿，有些人则认为这是天大的事。

每个人都喜欢天才，因为在人们看来，天才总能轻而易举地解决问题，或者顶住压力做成一件事。但是就像爱迪生所说："天才就是1%的灵感加上99%的汗水。"所有的毫不费力，不过是因为他们曾经非常努力。

你是否因为工作中的平庸表现而压力倍增、苦恼不已？是否因为别人的流言蜚语而喘不过气来？不妨冷静一下，努力搏一回，用成绩去回击那些质疑者。

披头士是世界上最受欢迎的摇滚乐队之一，这支来自英国利物浦的乐队在 1960 年成立，之后获得了巨大的成功，在全世界都享有盛誉。

很少有人知道，这支乐队成名之前曾经有过很长一段不为人知的岁月。他们当时并没有名气，几乎所有的乐评人都不看好他们。有一次，他们得到了一个到德国汉堡参加表演的机会。在那里，他们每天晚上都会连续演 5 个小时，一周演 7 天。在 1960 年到 1962 年期间，披头士乐队共往返 5 次，第一次就演奏了 106 场，平均每天演奏 5 个小时。第二次，他们演奏了 92 场，第三次他们演奏了 48 场，一共演奏了 172 个小时。

在 1964 年成名之前，他们进行了大约 1200 场演出，不得不说这是一个惊人的数字，不仅需要强大的体力支持，还需要强大的意志力。也正是这样的努力，让这支乐队变得越来越优秀，最终大放异彩，获得了全世界人民的喜爱。

很多人都认为披头士的成功是因为四个人的才华，是他们与生俱来的天赋。但是，他们坚持不懈的努力才是日后辉煌的保证，是他们顶住压力创造辉煌的坚实基础。

在任何领域、任何工作岗位，只有通过不断的努力，才能让自己的技能越来越娴熟，经验越来越丰富，才能保证自己在遇到困难的时候，不退缩，勇敢去面对，去争取成功的机会。随着时间的推移，一个人要想不断提升才华和能力，只有通过不断努力才能做到。

风雨之后才能看见彩虹，扛住压力才能走向辉煌。忍得住孤独，扛得住压力，沉得住气，才是我们正确的生活方式。

当年，梅尔·吉普森为了能够拍好《勇敢的心》，曾经花了几年的时间待在图书馆里研究角色及故事发生的时代背景；郭晶晶曾在奥运比赛前患上眼疾，看不清东西，但是为了能够拿到金牌，她不断练习，最终几乎是凭着感觉完成了比赛，并成功摘取金牌……

中国古话里有"熟能生巧"这样的成语，它告诉人们不断努力练习，自然能够熟练应对可能出现的问题。正所谓天助自助者，一个人对待压力的正确方式就是将压力变成动力，不断努力，发挥自己的才华，提升自己的技能，让自己能够在岗位上发光发热。

扛住压力是蜕变成蝶的过程

压力会让人产生焦躁、抑郁等不良情绪。因此有的人一遇到压力就躲，也有人一直追求一种没有压力的生活，但是他们往往忽略了压力带来的正面效应。

很多人的压力来源于工作，程远也是一样。作为某大型文化传媒集团的资深制片人，程远负责几档优秀电视节目的工作。程远是个偏内向的人，虽然有能力，但是在与人交流方面不太擅长。有一段时间，程远的情绪越来越低落，越来越沉默寡言，在工作中常常会出现走神的情况。

上司很快就注意到了他情绪上的波动，在一番打听之下才知道，程远因为跟妻子感情破裂，在前不久离婚了。

对于一直很看重家庭的程远来说，这无疑是个沉重的打击。当人的头脑被某一事件填满的时候，情绪往往会被这件事所左右。消极事件会引发消极情绪，感情创伤是最难于摆脱的压力源之一。人会在沉重的心理包袱的重压下消沉下去，如果处理不好就会引发情绪上的蝴蝶效应，比如辞职，或者更糟糕的情况。

就在上司没想好如何安慰程远的时候，恰好一家电视台打算跟这家传媒公司合作，双方打算合作制作一档大型综艺节目。想要做成一档新节目，首先要组建节目制作团队，这是一个极富挑战性的工作，同时也是一项能够给人带来成就感的工作。

于是上司马上想到了程远，认为如果给程远一些工作压力，就可能让他无暇顾及自己的感情压力。很快，程远就被委以重任，成了这一档新节目的制片人。程远在担任这个节目的制片人之后，很快就被领导告知，这档节目对公司的发展意义重大。程远感到肩上责任重大，工作压力骤增。当然，上司也会不失时机地鼓励程远，增强他的信心。在工作中忙得不可开交的程远，很快就忘记了感情上的压力，一心一意地将精力投入到新工作上来。两个月以后，当新节目开播并深受好评之后，程远心里的阴霾一扫而空，重新变成了自信的职场精英，不仅成功扛住了压力，还成了公司当年的最佳员工。

用积极的压力将消极的压力挤走。在积极压力的鞭策下，人们往往会变得更有斗志，重新获得成就感，体现自己的价值，用行动驱赶负面情绪。这就如一粒沙子进入了一个蚌中，我们要学会应对，就能将它变成一颗珍珠。

在被消极压力打垮之前，让自己享受这样一个蜕变成蝶的过程，从茧里脱出，才拥有翩翩起舞的资格。

那些让你不满意的结果，有时只是未完待续

无常，这是佛家常常提到的一个词语。顾名思义，无常的意思就是没有常态，简单来讲，就是随时都可能发生变化。每个个体都处于变化中的某种状态，可是有些人太过执着于一种结果，尤其是当结果不甚理想的时候，他们会不断给自己压力，让自己陷入一种负面情绪之中。其实大可不必这样，就像我们知道天气是无常的一样，当我们明白一切事物都是无常的时候，我们就会变得坦然很多了。

正如老子提出的"祸兮福所倚，福兮祸所伏"的观念一样，很多时候，结果会在不知不觉中发生变化，因此没必要给自己太大压力。

李武军人生的第一笔财富是在意外中获得的。当年北京的房价还不贵，李武军在北京经营一家店铺，有了一些存款，于是就跟一家房地产销售公司订了一户两居室的房子。见那里的房子不错，甚至还介绍了一个朋友到同一小区去买房。他还告诉朋友，自己订的是一套主卧朝北的

房子，等主卧朝南的房子出来后，再进行更换。那位朋友家境很富裕，买房子也不过是一种投资。没想到，等小区腾出了一户主卧朝南的房子之后，朋友竟然抢先买走了。当知道结果之后，李武军很生气。后来小区又多出一户主卧朝南的房子，李武军一气之下就抢了那套房子。准备退出原来的那一户的时候，才发现原来那一户已经签约，退不掉了。如果第一次的时候，朋友没有来抢，李武军那时是没有签约的，是完全可以退掉原来的那套房子的。现在两套房子在手，他感到压力太大，不仅要凑首付，还要还两份贷款。但是木已成舟，他只好自己想办法，硬着头皮跟亲戚和朋友借了钱，慢慢还清了贷款。后来，北京房价涨了很多，李武军当年顶着压力买下的两套房子价格飞涨，就这样，他积累了人生的第一笔财富。现在想想，如果当初没有朋友的搅局，以他当时的财力，是不会去买两套房子的。

为什么有些人能够把坏事变成好事，有些人却总是倒霉不断呢？这与你对待事情的态度有很大的关系。有些人就算坏事发生也不会过于放在心上，给自己造成压力。因为他们相信，坏结果终将过去，而且乐观对待的话，有些坏结果会开启自己生命的另一扇窗，带领自己领略不一样的风景。

在生活中，我们会遇到形形色色的人、各种各样的事，有时是坏事，有时是忧愁，但是一定要记住，最好的医生就是自己。不管是怎样的结果，顺其自然就好，不要太过执着，给自己太大的压力。

　　当然，顺其自然也并非是说我们什么都不要做，等着以后发生任何事，也不是不去看结果。结果依然很重要，不然一切的努力就失去了价值。但是很多结果并非是我们可以控制的，只要我们尽力做好自己该做的，就问心无愧了，因此就不要因为结果去扰乱自己的心情。

★情绪宝典：缓解压力的情绪调节法

人们总是会面对各种各样的压力，如果压力过大，往往会给我们造成不良的影响，影响我们的正常工作和生活。因此，我们要学会给自己减压。

1.通过冥想缓解压力

心理学家认为，冥想可以让人呼吸变慢，心脏减少跳动，心跳频率降低从而改变脑部供血，实现对情绪的影响。

我们可以选择一个安静的地点，让自己保持上身直立的坐姿，尽可能地放松自己的脖子、双肩及全身肌肉。闭上眼睛，让自己的注意力集中在呼吸上，进行深呼吸，重复几次。冥想过程结束，呼气，慢慢睁开眼睛，缓缓从座位上起身。初学者不用苛求时间的长短，贵在坚持。

2.通过吃喝玩乐来减压

有研究表明，吃喝玩乐可以有效地缓解人的心理压力，从而达到让自己放松的效果。当然这里要有一定的限度，暴饮暴食，或者总是喝闷酒、喝咖啡是不正确的。每天吃一些健康食品，饮一些对身体有益的饮料，可以有效安神。玩乐的前提也是以健康为主，并非故意放纵。

3. 多进行体育锻炼

心理学家认为，运动能够促进血液循环，增强脑部的血流量，产生阳光积极的心态。每天坚持跑步、游泳，或者到健身房去锻炼、户外骑行、登山等可以有效地缓解压力，尤其是参加团队项目的时候，会获得成就感与认同感。女性还可以选择瑜伽、健美操等既可以塑形体又能减压的运动。不过值得注意的是，适当的运动有助于减压，运动过量反而会让情况更加糟糕。心理学家认为，有些人一边锻炼一边回想给自己造成压力的事情，锻炼结果只会让人越练压力越大。因此要合理安排锻炼项目，持之以恒，把握情况，促进健康。

4. 进行自我按摩

按摩是一种有效缓解压力的方法，用各种技巧直接作用于人体表面的特殊部位，从而通过情绪的放松来调整呼吸，摒除杂念。比如人们可以反复按压承泣穴（位于眼球正下方、眼眶骨凹陷处），有效缓解眼睛红肿、疼痛等情况；也可以按摩睛明穴（位于目内眦外，在鼻梁两侧距内眼角半分的地方），有效降低压力，消除疲劳。

5. 音乐辅助减压

在疲劳的时候，可以听一些旋律优美、曲调悠扬的乐曲，转移和化解心中的焦虑，让人产生愉快感。心理医师们认为，音乐可以使人精力充沛，有效地帮助人们缓解压力。

6. 找人倾诉

在自己感到压力到来的时候，可以主动找亲人或者朋友寻求心理援助，找到你信任的人倾诉衷肠，将自己的烦恼告诉他们，征询他们的意见。即便对方无法帮助自己解决问题，至少可以给你提供一些安慰，使你减轻痛苦。另外，如果是不方便找人倾诉的压力，不妨记在日记里，让自己的压力有个排解的地方。

第11章 当你能管理好情绪时，就会有美丽的人生

情绪将伴随我们的一生，有效管理好我们的情绪，于己于人，大有裨益。内心越是强大的人，越懂得控制好自己的情绪。因为他们知道，控制好情绪是一种能力。

高情商领导都是情绪的主人

汪国真说："没有比脚更长的路，没有比人更高的山。"人的一生最大的敌人不是别人，正是自己。领导作为一个公司的领头人，如果情绪出了问题，就容易在考虑问题的时候出现差错，从而导致整个公司的运营都出现问题。

一个成功的企业家，不仅善于管理公司，而且善于管理情绪。心理学家丹尼尔·戈尔曼在研究中发现，企业管理者取得成功，2/3 可归于情商，相较之下，智商和工作经验加起来只占 1/3。而其他科学研究也发现，当人们在情绪激动的情况下做决定的时候，智商会暂时下降 10—15 分。

麦当劳公司的创始人雷蒙·克罗克说："我学会了如何不被难题压垮，我不愿意同时为两件事操心。不管多么重要，也不让某个难题影响到我的睡眠。因为我很清楚，如果我不这么做，就无法保持敏捷的思维和清醒的头脑，以应付第二天早晨的顾客。"

不能控制自己的人很容易受到外界环境的影响，学会调节自己的情绪，是领导者的一堂必修课。无数事实表明，在管理工作中，自制产生信用。一个无法控制自己情绪的领导无法管理好自己的事务，也很难有效管理团队。

三国时期，孙权计夺荆州，关羽败走麦城。关羽死后，孙权把关羽的头颅割下来送给了曹操，打算嫁祸给曹操。曹操早已识破了孙权诡计，厚葬了关羽。蜀地的人知道真相之后，对孙权恨之入骨。

刘备听说关羽死去的消息之后，一心想要替关羽报仇雪恨，诸葛亮与赵云苦苦劝说都没能改革他的决定。就这样，刘备在气头上，带着水陆两军4万多人马，远征吴国。刘备深入吴国境内数百里，在夷道县（今湖北宜都）包围了东吴先锋孙桓。东吴的将领们纷纷要求主将陆逊派兵增援孙桓，陆逊认为孙桓能够守住夷道，因此并没有派去援兵；随后诸将又要求迎击刘备，陆逊认为蜀军连续多次战胜吴军，士气正旺，吴军不宜出战，因此，也拒绝了诸将的建议。

就这样，蜀吴双方从公元222年2月一直僵持到了6月，吴军没有退后半步，蜀军也没能前进半步。

当时正值盛夏，烈日当空，蜀军水兵难以忍受夏日的酷热，只能弃船上岸，在夷陵一带沿着沟溪扎下营寨，躲避酷暑。陆逊见时机成熟，就制订了破蜀的方案。首先，他让水路士兵用船舰装载里面裹有硫黄、硝石等引火物的茅草并将船开到了指定的区域，然后又命令几千名陆路的士兵拿着茅草到指定的区域去放火。这一天傍晚，蜀军相连的数十座军营从东向西北连续起火，毫无防备的蜀军顿时乱作一团，陆逊借机杀出，蜀军很快就败下阵来。

刘备在诸位将领的保护之下，拼命逃到了夷陵马鞍山（湖北宜昌西北），随后追来的陆逊将马鞍山团团围住，之后又从山下放起了火。被逼上绝路的刘备只能连夜逃离马鞍山，杀开一条血路，向西逃命。吴军紧追不舍，蜀将傅彤身负重伤仍拼死搏杀，才让刘备逃过一劫。

刘备因怒出兵，大败而归，蜀国元气大伤。刘备逃到白帝城后，又气又悔，不久就一病而死。

刘备作为领导者，因为不能控制好自己的愤怒情绪而做出了错误的决定，让蜀国元气大伤，自己也因为负面情绪的影响一病而死。反观陆逊，在众人都情绪激昂的时候，他能够沉下心，不改变自己的策略，从这方面看，他比刘备英明多了。领导每天都要处理公司的大小事务，是公司这条船的船长，如果不能很好地掌控自己的情绪，恐怕这条船最后很难安全地驶到目的地。

打造一个良好的情绪氛围

一个优秀的企业往往有引人注目的组织绩效，这意味着它具有超强的竞争力，更意味着它拥有卓越的团队。优秀的团队必然有一个良好的情绪氛围。团队的情绪氛围包括多个方面，如团队凝聚力、团队竞争力、团队决策力及团队人际关系等多个方面。只有管理好团队情绪的各个要素，才能培养出一个优秀团队。

在一个积极的团队中，情绪低沉的队员往往会被团队的情绪所带动，改变自己的情绪状态；而在一个消极的团队里，情绪乐观的队员往往也会被团队的氛围所影响，改变自己的情绪状态。

因此领导者在管理公司的时候，也应该注意员工的情绪管理。

　　宁波的埃美柯集团是一家十分注重管理员工情绪的公司。2014 年，这家公司推出了一系列管理员工情绪的措施。其中有一项是在每个车间、部门都设置了一个"心情签到表"，员工上午、下午上班前要做的第一件事就是在表上填写自己的心情状况。

　　心情签到表有四项选择，按照心情从好到坏分为晴天、多云到晴、阴转多云和雨天。一旦发现员工的心情出现阴转多云和雨天的情况，相关负责人就会亲自去询问了解，如果需要休息来调整情绪，员工可以不上班。

　　另外，埃美柯集团还定期组织活动，排解员工的不满情绪。这家公司的主席张维明说，公司会定期对员工发起"不满"调查，让员工指出对公司不满的地方，并保证在两个星期之内予以答复。因为有了这样的承诺，员工十分积极地参加调查，从一线员工到行政管理层只要有"不满"，就会毫不避讳地提出来。有一次，很多员工对公司食堂的伙食和就餐环境表示不满。公司马上做出决定，让食堂空调没到高温季节就要进行保养维修；要求食堂采购正规食品，并将采购发票公之于众；提高厂休日员工就餐的饭菜质量；加班日中午 12 时前要有新鲜饭菜供应等。

　　通过这类措施，公司可以有效地对员工的不满情绪进行疏导，防止员工情绪恶化，出现不可控制的局面。公司正确处理了员工的不满情绪，让员工感到获得了尊重，从而从根本上消除了矛盾，转变了心情，起到了事半功倍的效果。

不良的情绪对一个人的正常思维有致命的伤害，会让一个有胆略的人失去理智，因此在日常工作中要开展有效的情绪管理，构建良好的情绪氛围，这不仅有利于管理绩效的提升，还有利于员工竞争力的提升。

避免自己成为污染源

心理学专家认为："一个人的心理状态往往直接影响他的人生观、价值观，直接影响到他的某个具体行为。因而从某种意义上来讲，心理卫生比生理卫生显得更为重要。"面对外界复杂多变、火药味十足的竞争，很多领导都有了"心病"，且"病情"都十分严重。

因为领导者是一个公司的主心骨，肩负着一个公司的使命，一不小心就可能让公司损失惨重。

马克早上醒来，发现闹钟没响，眼看上班就要迟到了。他顾不上吃早餐，就开始驾车往公司赶。结果还遇到了大堵车，直接导致他迟到了一小时。虽然公司并没有人责备身为领导的他，但是马克还是十分生气。

他刚一到办公室就发现，昨天交代给助理的工作，助理并没有完成，他顿时火冒三丈，将助理斥责了一顿。

助理不敢说什么，但是心里十分委屈。随后，助理叫来了手下，询问手下为什么有个合同还没签下来。同时批评手下人员工作不认真，让她马上去处理这件事。

其实，手下谈的那份合同，女客户很难打交道，方案修改了无数遍，对方依然不满意，合同谈判了十几个来回依旧签不下，可是这个客户十分重要，直接影响到公司的效益。上司的批评加上女客户的刁难，让女业务员很委屈，她想到了自己辛苦却无效的付出，以及签不下这个合同的影响，既委屈又无助，悲从中来、怒从心起，因此在跟客户沟通的时候，一个不耐烦就对客户吼道：你的要求简直就是无理取闹，你也特别变态，别以为甲方了不起，我不伺候了！说完狠狠地摔掉了电话，趴在办公桌上哭了起来。因为女业务员情绪失控，公司失去了一个重要的订单。

健康心理的维护是领导者必须要注重的一项心理内容，也是预防心理异常的重要方法。在困难或者危机面前，一旦领导者的情绪失控，那么就会引发一连串的情绪连锁反应，直接影响到公司的大局。

因此不管出现什么情况，领导者都要学会自我调适，控制自己的情绪。

1. 正确看待工作中的紧迫感

作为公司的领导，每天都要面对繁重的管理工作，压力之大是很多人难以想象的，强烈的紧迫感可能会导致你长期处于一种紧张状态中。长此以往，无论是对健康还是对处理事情都是不利的。因此，领导者要学会自我调剂，包括提升工作效率，避免因压力过大导致心绪紊乱。

2. 保持和谐的团队关系

领导者处于一个特殊的位置，在工作中要面对复杂的人际关系。因此要学会沟通，建立和谐的人际关系，这样有助于收获好心情。有了良好的人际关系，才能拥有健康的心理，不然很容易乱了方寸。

3. 处理日常事务学会量力而行

正所谓人无完人，没有人能够把每件事都做到十全十美。领导者要对自己的能力与体力有一个正确的评估与认识。当感到力不从心的时候，万不可逞强，急躁冒进，要学会求真务实，注意劳逸结合，适可而止。

4. 掌握适当的放松技巧

不管是谁，在工作中都难免会出现紧张的情况，领导者更是会因为压力过大而身心俱疲。这时候应当及时放松自己，不可让工作影响了身体健康或者心理健康。

用激情点燃自己的干劲

为什么很多心怀伟略的企业家走到最后却以失败告终？原因各种各样，不过这里我们要谈的是其中一个原因，它就是激情。时间就像流水，冲淡了很多人的激情。当人们没有了激情之后，人生舞台上的表演也就开始变得淡而无味了，结果自然让人失望。

每个人在刚进入职场的时候，都是充满了希望和热情的，他们有高昂的斗志，打算干出一番大事来。但是有些人的愿望并不能很快达成，这就让他们的激情开始被失落感所取代。其实只要我们能够调整好自己的情绪，理想的结果就像春天一样，早晚会到来。

出生于澳大利亚的查理·贝尔，家境并不富裕。15岁的时候，贝尔到麦当劳打工。他当时的工作是清洁厕所。这并不是一个理想的工作，不仅脏还累，而每小时只能拿到可怜的1美元。

不过贝尔并没有因此而丧失自己的激情，他将这份工作看成自己走向成功的一个起点，总是认真地对待这份工作。当时的贝尔将"生命无法重来"当成自己的人生箴言。正是凭借这股信念，贝尔不仅怀着快乐的心情完成自己分内的工作，还高兴地帮助其他同事打扫卫生和烘烤汉堡包。后来老板彼得·里奇注意到了贝尔对工作的热情，因此决定培养贝尔。

过了一段时间，贝尔在彼得·里奇的推荐下成为麦当劳公司的正式员工。由于对工作十分认真负责又踏实肯干，没过几年，贝尔就全面掌握了麦当劳的生产、服务、管理等一系列工作流程。19岁那年，贝尔被提升为门店经理。他是麦当劳连锁店有史以来最年轻的店面经理。

贝尔并没有就此止步。在担任门店经理期间，他对待工作更加热情。1988年，年仅27岁的贝尔被麦当劳澳大利亚公司任命为副总裁。两年之后，贝尔又凭借自己的实力进入了麦当劳澳大利亚公司董事会。1999年，麦当劳公司的亚洲、非洲和中东业务均由贝尔负责。

2004年，凭借着自己的实力与威望，贝尔成了麦当劳公司的全球CEO。那年，他只有43岁，是麦当劳史上最年轻的首席执行官。在就职仪式上，贝尔充满激情地表示："我在麦当劳把所有工作都做过了，就差这个工作还没做过。如果能在这个职位上发挥自己的才华，我会非常高兴。"贝尔对待工作依然保持最初的热情。他用实际行动告诉人们，想要成功就请永葆自己对工作的热情。在他担任 CEO 期间，他用心钻研业务，有时在巡查店面的时候，看到员工忙得不可开交还会帮忙，为顾客提供服务。

贝尔对待工作一直怀有热情，做厕所清洁工作时不气馁，做麦当劳 CEO 时不骄傲。无论他在哪一个职位上，他都是那样充满激情地工作。因为他知道，生命只有一次，无法重来。

如果你在工作时总是浑浑噩噩，情绪不高，那么你一定做不好这份工作。因为一旦失去了对待工作的那份热情，所有的工作就变成了敷衍。因此想要把工作变得快乐，首先要拿出你的激情来，一旦能够在工作时充满激情，那么你就会在激情的影响下，不断超越自我，就算再苦的工作也能苦中作乐。

★测一测：你会控制情绪吗

在一个阴雨天，你打开窗户向外望的时候，正巧看到一个男子在路上走着，你认为他当时的心情是什么样的？

A. 正在想着某个问题，满腹心事。

B. 正在享受一个人的时光。

C. 只是由于忘记带伞，不想狼狈地在雨中奔跑。

D. 感情受挫，失魂落魄。

答案分析：

A. 你有着很好的人缘，平时可以很好地管理自己的情绪，不会轻易跟他人发生冲突。因此你是从小优秀到大的模范生。

B. 大部分时间，你都会把精力全都放在自己的目标上。你不太喜欢被约束，只要他人不侵犯你，你也不会去干预他人。你常常表现出一副冷漠的样子，不爱说话，让人觉得你很孤僻。其实跟你相处久了之后，就知道你是个外冷内热的人，只是不善于表达罢了。

C. 你是个爱敲边鼓的人，只要有一个人对他人发难，你就会不加思考地前去起哄，可能出发点并无恶意。如果事情到了最后变得不可收拾，你也会觉得难过，因为你也没想到自己会成为事件的帮凶之一。你太爱凑热闹了，情绪常常被他人所影响。

D. 你的情绪起伏不定，是个性情中人。在碰到问题的时候，你往往反应激烈，可能还没等对方把话说完，就开始想着如何着手处理了。你看上去很傲慢，因此招致了不少麻烦。在与他人相处的时候，你也是凭自己的印象来进行，顺眼的就发展成密友，不顺眼的就可能当成敌人。

第12章 驾驭好情绪，
让情爱生如夏花

婚姻是一个人一生当中花费时间最多，投入感情最多的地方。不要把坏情绪带到情爱中或家里，要把好情绪关，让情爱如同夏花般绚烂。

把脾气调成静音模式，不动声色地过好生活

恋爱与婚姻是两个人的舞蹈，是互相磨合、激励的过程。在这个过程中，任何一方在自我情绪调节方面出现了问题，都可能对恋爱或者婚姻造成影响，有时甚至会造成致命伤。

周萍是远近有名的好脾气，几乎没跟老公红过脸。其实周萍自己知道，自己不是没有脾气，只是慢慢学会了控制脾气。周萍每次想起曾经两次发脾气的经历就心有余悸。

周萍第一次发火，是在跟老公度蜜月的时候。到达旅行地的时候，她在一家酒店与另外一个女人发生了争执。当时她正在跟老公用餐，邻座的孩子不停地吵闹，影响她和丈夫用餐。忍无可忍之下，她劝说对方要注意管教孩子，没想到对方不但没有表达歉意还与周萍争执起来。心疼她的老公自然不会袖手旁观。

就在双方争得不可开交的时候，对方的丈夫过来了，也加入了战局。双方越吵越激烈，后来对方还叫来了几个年轻壮汉，拉着周萍的老公就往门外走。到了外面，周萍的老公就被几个男的围着揍了一顿。

事后，老公被带到医院住了三天。因为都是皮外伤，所以不算特别严重。周萍在医院里看着伤痕累累的老公，老公每疼得叫一声，她的心就抽一下。

其实，客人的无礼完全可以请服务员来协调解决，自己也可以换位子来避免冲突，何必一定要跟对方发火？周萍的怒火激起了老公的好胜心，老公为了她必然会站出来，如此一来只会激化矛盾。

在经过这件事之后，只要老公在场，周萍就会控制自己的情绪，因为她知道这既是保护自己，也是保护别人。

第二次发火，发生在她跟老公之间，原因已经记不清了，只记得双方因为一些事情在半夜吵了起来。当时她忍不住对老公说了一些狠话，结果激怒了对方，他甩门开车而去。

结果一个小时之后，她就接到老公电话，说自己躺在医院里。原来老公心烦气躁之下开车的时候分了神，把油门当成了刹车，为了避让一只狗，撞上了路边的一棵树，还好人并没有什么大碍，只是冲力太大磕伤了脑门。

周萍苦笑，脾气是男女之间最锋利的刀片，刀刀见血，心和身体一起疼。

在婚姻中，注意调节情绪至关重要，我们不妨从以下几个方面入手，让自己的感情之路走得更加顺畅：

1. 抑制冲动

当你的另一半做了一件让你失望的事情时，先不要冲动地去批判对方。不如先缓一缓，厘清来龙去脉，避免冲动行事。

2. 将问题存档保留，转移注意力

如果你与另一半确实存在某些方面的问题，但是这个问题又无法一下子得到解决，或者说解决这个问题的代价太大了，不妨先将这个问题存档保留，暂时不去理会，也许过段时间就能找到解决问题的方法了。心理专家认为，现代社会离婚率之所以这么高，有很大一部分原因是现代人不善于搁置婚姻中的问题。

3. 学会表达和疏导负面情绪

婚姻中的负面情绪往往不是一朝形成的，而是慢慢积累而成的，影响着人们的心理平衡与健康。两人待在一起的时间长了，不管多么亲密无间，都会产生相看两厌的情况，从而导致负面情况产生。如果没能及时察觉并调节这些负面情绪，这些负面情绪就会以攻击性的语言表现出来。而这种攻击性的语言又常常是以讲道理的方式出现的。表达内心的感受有三个方面的作用：一是充分觉察自己的内心；二是宣泄负面情绪；三是让对方了解自己并体谅自己。这样就避免了负面情绪下的矛盾和冲突。如果负面情绪积累到一定程度，又不好意思通过语言来宣泄，不如通过一些娱乐爱好（例如体育活动、文娱活动）来辅助宣泄。

4. 学会管理自己的非语言沟通

一旦产生矛盾，就可能产生争吵，而当争吵进行到一定程度的时候，人们往往就会失控，甚至使用不当的肢体语言。即便这些语言并不具有伤害性，但是容易被对方解读为一种攻击。因此我们应当尽力避免使用不好的肢体语言。不过，也不是全部肢体语言都会让人觉得无理，有些时候我们可以运用肢体语言来增强效果。例如，在表达对配偶的关心时，用手抚摸配偶的脸颊；在表达对恋人的在乎或紧张时，不停地来回走动等。

猜疑是感情中的毒药

泰戈尔说："爱是理解的别名。"在这个复杂多变的世界上，很多人都被表象蒙蔽了双眼，习惯于猜忌。

这些人通常都比较敏感，总觉得不管什么事情都与自己有关，因此像个扫描仪一样过多地扫描他人的细枝末节，总是小心翼翼。这种情绪往往会造成情侣或者恋人双方关系紧张，甚至导致情感破裂。

猜疑，往往是建立在猜测的基础上的，而猜测往往是缺乏现实依据的，只是根据自己的主观臆断毫无逻辑地进行推测，对别人的言行进行怀疑。与猜疑情绪强烈的人相处，在说话的时候往往会小心翼翼，甚至步步为营，像提防对手一样提防着对方，这样的交往由于缺少信任的基础，往往让人觉得十分疲惫，无法很好地维系感情。

孟夏至今还清楚地记得那天半夜发生的事情："我当时脑子一片空白，觉得自己根本无法正常思考，是我毁了这个家……"

孟夏之前有过一段婚姻，离婚之后又认识了王娟，开始交往的时候，王娟的温柔端庄让孟夏很快就忘记了上一段婚姻带给他的伤痛。交往一年之后，两人组成了一个家庭。可是不久，这对半路夫妻曾经的美好就在柴米油盐的琐事中瓦解了。

孟夏与王娟是带着各自的子女结合的。孟夏觉得，虽然王娟对自己很好，但是对待自己的儿子像是对待外人似的，总是指责他多么不听话；可是当自己批评王娟的儿子的时候，王娟马上就会露出不快的表情。他们由于教育理念不同，开始互相猜忌起来。

王娟的儿子不爱学习，成绩总是在班里居末位，恰好又遇到了小升初。孟夏认为既然成绩不好就应该顺其自然，而王娟认为只有上重点中学才有前途，因此觉得不管儿子现在成绩如何，都应该花钱让他上重点中学。两个人因为这个问题常常吵得不可开交。入学模拟考的时候，王娟的儿子成绩果然很差，但是这样的成绩并没有让王娟看清事实，她坚持要花钱让儿子去重点中学就读，同时孟夏的反对让王娟觉得是因为孟夏不舍得为自己儿子花钱。最后，王娟甩出一句话，让孟夏疑心大增，她说："我不用你出钱，我有的是钱！"

孟夏开始背着妻子清查家里的资产，结果让他大吃一惊，经他初步估算，家里应该至少有10万块钱的存款，可是银行账户里只有2万块活期存款。他开始留意妻子的行踪，发现对方总是会偷偷给她儿子买东西。孟夏开始不信任妻子，更改取款密码。最后矛盾不断升级，在吵架中竟然发展到了刀刃相见的地步，酿成了无法挽回的悲剧。

作为在感情上都受过伤的两个人，这样的悲剧其实是完全可以避免的，但是他们之间因为少了信任与沟通，就造成了问题不断滋生的局面。

猜忌心理一旦产生，如果没能及时消灭在摇篮里，那么就容易发展成处处神经过敏、事事捕风捉影的情况。不仅容易对他人失去信任，还会疑神疑鬼。时间一长，就会因为这种过度缺少安全感的情绪作用，让自己陷入挣扎之中。当多疑的人因为常常猜忌而被他人孤立的时候，他们还会变本加厉，认为这是对方心虚的表现。如果任由这种猜忌情绪不断蔓延，它极有可能引发一场悲剧。

莎士比亚四大悲剧之一的《奥赛罗》写的就是这样一个悲剧：勇敢诚实的摩尔人首领奥赛罗，在奸人埃古的挑拨离间之下，误认为妻子苔丝德蒙娜不贞。猜疑之火在埃古的煽动下，越烧越旺，最终导致奥赛罗失去了理性，将妻子杀死，造成了悲剧。后来，在证实了妻子的清白之后，奥赛罗悔恨不已，自杀而死。猜忌，就这样断送了一个美好的家庭，也断送了英雄的事业。

在感情生活中，如果有了猜疑，必然会产生隔阂和误会。这时候，要学会培养自己的自信心，不去随便怀疑他人，为难自己；另外还要消除对对方的偏见，多站在对方的立场来考虑问题。不要一有了猜疑就马上火冒三丈，要学会三思而后行，这样不仅可以给自己一个缓冲的机会，还能避免误会好人。在感情生活中要多与对方沟通，不要总是像防着敌人一样防着对方，要知道你们是彼此最亲密的人，而非敌人。

> 任何时候，一个人都不应该做自己情绪的奴隶，不应该让一切行动都受制于自己的情绪，而应该反过来控制情绪。无论境况多么糟糕，你应该努力去支配你的环境，把自己从黑暗中拯救出来。

冷暴力是婚姻里的暗流

婚姻就像一条河，有平静，有波澜，也有暗流。夫妻"冷暴力"就是婚姻河的一条暗流，常常会让家庭这条船撞了暗礁。冷暴力是指通过忽视、疏远、漠不关心等方式，让人遭受精神与心理上的伤害，造成情绪上的"冻伤"，这种情绪多发生在婚姻关系之中。

在托尔斯泰的名著《安娜·卡列尼娜》中，安娜与丈夫就是一对在外人看来恩爱有加的夫妻，而实际上安娜的丈夫卡列宁总是用冷暴力对待安娜。

卡列宁生而为人的目标似乎只有勋章与官爵。在他看来，家庭、婚姻的存在并非出于爱情的需要，而是他生活中必不可少的点缀品。因此卡列宁其实并不爱安娜，总是用一种冷漠、无情的态度对待安娜。以至于到了最后安娜只要一想起他就会忍不住哆嗦，他却总是对安娜的痛苦与孤独视而不见。由于长期处于卡列宁的精神折磨之下，安娜心力交瘁，经常处于一种焦虑不安、猜忌抑郁的状态之中，最后不顾社会舆论的谴责与压力，飞蛾扑火一般地发生了婚外恋。

与身体暴力、性暴力相比，冷暴力的发生率居家庭三种暴力之首。冷暴力的表现形式多为冷淡、轻视、放任、疏远，而且大多都是对和自己有亲密关系的人施加的，让对方在精神和心理上受到伤害，导致婚姻处于一种长期的不正常状态。这种精神上的折磨和摧残，甚至比肉体伤害还要严重。与肉体摧残的家庭暴力行为相比，婚姻冷暴力更多的是通过暗示威胁、语言攻击、经济和性方面的控制等方式，来达到从精神上折磨对方的目的。这种方式往往会让对方产生巨大的心理压力，导致对方精神崩溃，最终导致婚姻结束。值得注意的是，在婚姻冷暴力事件中，男女双方都可能成为实施婚姻冷暴力的一方。

有心理专家曾经说过："爱的背面除了恨，还有冷漠。"婚姻冷暴力会冻伤我们的情绪，让夫妻之间的爱开始腐蚀，慢慢淡化。

一旦出现冷暴力的情况，我们不能听之任之，要努力去破除冷暴力的冰封状态。

1. 勇敢地说出你的期待

其实每个人都会对另一半产生一种期待，而大部分人都选择将这种期待埋在心里。其实，不妨直接明确地将你的期待告诉对方，你可以明确地告诉你的另一半你的需求，这样你一直抱怨的事情就迎刃而解了。

2. 主动沟通

夫妻之间常常以为彼此可以配合默契，但是有些事情不说出来可能谁也猜不透。与其怀着戒心猜来猜去，不如大胆地说出口，因为沟通是十分有效的破冰方式。如果实在不好意思，不如采取发邮件或者信息的方式说出你的意见与想法，积极去解决问题。

与其一直让婚姻处于阴天状态，不如来场瓢泼大雨，这样才能迎来灿烂明媚的阳光。

攀比不过是一场自我贬低

婚姻中很多人都喜欢拿自己的爱人跟别人的爱人比较，他们永远能够在自己爱人身上找到一些不如别人的地方。如此一来，心里越比越不平衡，越比越后悔，自然越看对方越不顺眼，必然容易发生争吵，婚姻自然也容易出现裂缝。

每个人都有攀比的心理，尤其是女人，总爱在老公面前说三道四。如果想要让婚姻幸福，切忌用别人的优点来跟爱人的缺点进行比较，应该用一种欣赏的眼光去看待朝夕相处的爱人。

"我听说隔壁老王又升职了？是真的吗？"妻子问丈夫。"嗯。"丈夫有气无力地回答。"那你怎么不跟我说呢？你们不是在同一家公司上班吗？""别人的事我不关心。再说，他升职，跟我有什么关系，你让我说什么？"丈夫的语气中透着一丝不满。

"怎么跟你没关系了？同一家公司上班，也差不多同一时间入职，你看看人家老王，都升了多少次职了，你看看你。""我怎么了？我哪里亏待你了？"丈夫十分生气地质问。"人家老王总带媳妇出国旅游，你带我去过吗？"妻子不依不饶。"你觉得老王那么好，那你找他去啊！"丈夫火了，走出了家门。妻子也生了一肚子气，不过她并不觉得自己的言语有什么不对。

没有人愿意被拿来比较，尤其是跟条件比自己好的人比较，让自己显得相形见绌。想一想，你在旁边大谈特谈别人的成功，让你的另一半感觉是什么滋味？也许你只是将它看成一个无聊时的话题，但是对方心里觉得别扭。

有些人总是不知足，永远能够在爱人身上找到一大堆不如别人的地方。仿佛天下所有的人都好，就自己身边的这位最差劲。不要当着老公的面说别人多么成功，也不要当着老婆的面说别人多么贤惠。越是打击对方，就越会让对方没自信，同时又觉得你在没事找事，可能会激起对方的愤怒情绪，从而演变成双方的争吵。对于大多数人来说，赞赏和鼓励要比刺激更能让对方接受，并产生奋斗的动力。

不埋怨对方，不打击对方，让对方在你的鼓励下一点点变得优秀。聪明的人从来不会拿自己的另一半跟他人比较，如果真的不小心说到了别人，也会马上补充说："别看他能干，但是哪有你这么幽默体贴啊，还是你最好，亲爱的！"如此一来，必然可以深得对方欢心。说到底，攀比是一把刺向自己心灵深处的利剑，对人对己毫无益处，伤害的只是自己的快乐和幸福。

在婚姻里，不要忘记给对方点赞

在爱情之中，夫妻之间积极交流，对彼此关系的维护有着重要的影响。一名心理学家曾经提出："美满的夫妻关系中，存在一个黄金比例，即积极的交流与消极的交流之比为 5 ：1。如果积极的交流多于这个比例，就算平常发生再多的争执，双方的关系也会朝着好的方向发展，而一旦低于这个比例，双方的感情则有可能渐渐地变得疏远。所以在交往的过程中，一定不要吝啬表达自己的爱意，因为这是维持亲密关系的灵丹妙药。"

人们在进入婚姻之后，恋情往往会降温，这时候如果想要让爱情保鲜，那么就需要去称赞对方，给对方点赞。我们要知道，每天的柴米油盐和鸡毛蒜皮的小事中藏着很多对方的优点，你要做一个善于发现对方优点的人，提高家庭的幸福度。

民国著名学者胡适先生，是一个善于发现妻子优点、常常给妻子点赞的人。胡适是个拥有 30 多个荣誉博士头衔的大师，他的太太江冬秀却是个识字不多的人。这样两个差异很大的人组成了家庭，让很多人都觉得是个笑话，甚至常常编造一些事情来取笑胡适。但是胡适先生不仅不生气，也从来不挑剔，不责备自己的太太，还安慰太太"勿恤人言"，开始让从小裹足的太太"放脚"。由于丈夫的不断夸奖，太太开始学习文化，阅览古典小说，后来太太不仅能够将《红楼梦》中的丫鬟名字如数家珍地背出来，还学会了写信。

到了晚年，胡适困居孤岛，依然不忘幽默，常常变着花样地夸奖太太，有一次偶然在一块纪念币上看到了 P.T.T 的字样，便解释说是"怕太太"（首字拼音 PTT）协会发行的，还编出一系列新"三从四得"，认为"三从"是太太外出要跟从，太太的话要听从，太太讲错要盲从。"四得"是太太化妆要等得，太太发怒要忍得，太太生日要记得，太太花钱要舍得。

一辈子，胡太太都被哄得乐陶陶美滋滋的，也很认真地照顾着胡适。

不得不说，胡适很懂得夫妻间的相处学问，让妻子一直眉开眼笑，心情大好。如此一来，夫妻之间的矛盾自然就少了，幸福感自然会提高。在现实生活中，很多人却不明白这样的道理，总是在婚姻里拼命挑对方毛病，结果感情自然也越来越差，甚至因此而破裂。

刘阳特别喜欢叫朋友到家里吃饭，因为太太厨艺了得，总能给刘阳挣不少面子。有一次，刘阳又叫上好友到家里做客，妻子做了一大桌子菜，让刘阳的好友称赞不已。吃完饭，大家坐着聊天，刘阳的太太在厨房里收拾，好友为了表达谢意走到厨房对刘阳的太太说："嫂子，你做的菜真好。"没想到太太大吃一惊，说："真的吗？都是普通的家常菜，刘阳从来没夸过我。"正说着，就听见刘阳在客厅里喊道："咱们家墙上怎么花了一大块。"原来，是太太看孩子的时候，一个不注意，孩子拿着彩笔涂了上去。在听到太太的解释之后，刘阳开始抱怨太太："整天什么都不做，在家待着，连个孩子都看不好！"太太很隐忍，什么也没说，继续回到厨房收拾。

看到这个场景，好友在心里告诉自己，不能像刘阳一样对待自己的妻子。看看刘洋家各种东西都摆放有序，且饭菜可口，显然这个女人付出了极大的爱心与精力。可是刘阳只把目光放在了脏了一块的墙上，没有留意到妻子失落的眼神。

多少夫妻，在岁月中，走着走着就忘记了彼此的优点，变成了互相打击的对手，忘记了给对方点赞。

不幸的婚姻各有各的不幸，幸福的婚姻却大致相同。在幸福的婚姻里，没有比较，没有奚落，只有关怀，只有像发现宝藏一样发现对方的优点，并在对方付出的时候点个赞。

其实点赞并不难，而且可以让对方的情绪从低落变得高涨，觉得所有的付出都值得。所以如果想拥有幸福的婚姻，要记得给对方点赞。

★测一测：面对感情冲突，你是哪种人

再恩爱的情侣或者夫妻也有发生冲突的时候，面对感情冲突的时候你会变成哪种人？下面就来测试一下吧！

1. 在路上碰到一只瑟瑟发抖的流浪猫，你会怎么做？

A. 懒得理，直接走过。

B. 把小猫转移到安全的路边。

C. 打电话问朋友要不要。

D. 直接带回去养（如果家人不讨厌养猫）。

2. 你认为自由是什么？

A. 想干什么就干什么。

B. 大胆地去爱、去闯。

C. 想不干什么就能不干什么。

D. 没人唠叨。

3. 下面哪件事最容易激发你的快感？

A. 自己突然功成名就，让小瞧自己的人有求于自己。

B. 变身为万众敬仰的名人。

C. 仇人遭到了报应。

D. 暗恋的人狂追自己。

4. 碰到哪种老板，你一定会辞职？

　　A. 动不动就要求加班的老板。

　　B. 脾气暴躁，且容易发脾气的老板。

　　C. 好色的老板。

　　D. 特别有魅力，但已有家室的老板。

5. 买了一件衣服，却不知道如何搭配，你会怎么做？

　　A. 买新衣服进行搭配。

　　B. 上网查询类似的搭配。

　　C. 翻看以前的衣服，看看有没有合适的搭配。

　　D. 咨询朋友的意见。

6. 他人对自己提意见，你的看法最接近以下哪种？

　　A. 有些抵触，毕竟希望自己的事情自己做主。

　　B. 听听就好，主意还是自己拿。

　　C. 有点在意，想起来就纠结不已。

　　D. 会很在意，怕不接纳会让对方不高兴。

7. 你认为自己说话的方式更接近以下哪种？

　　A. 语速较快，不爱说废话。

　　B. 语速一般，有条有理。

　　C. 语速较急，想要表达的东西有很多。

　　D. 语速较慢，有时候会模棱两可。

8. 对于你并不想回答的问题，你会怎么做？

　　A. 直接表明自己不想回答。

B. 不回答，并转移话题。

C. 面露不悦，闭口不答。

D. 含糊其词。

9. 到国外去旅行，你更想了解哪方面的文化？

A. 时尚。

B. 美食。

C. 风俗。

D. 传说或历史故事。

10. 心情不好的时候，你更愿意通过哪种方式来调整自己的心情？

A. 找朋友聚聚、狂欢。

B. 吃美食。

C. 逛街。

D. 看电影。

这个测试的答案是由每道题选项的分数累加而得到的，计分方法：选 A 得 4 分，选 B 得 3 分，选 C 得 2 分，选 D 得 1 分。

答案分析：

A. 33—40 分　打岔的人

当冲突发生的时候，最好的沟通方式是耐心地听对方讲完，然后做出正确的回应或解释。你却总是没耐心听对方讲完，或许是想要掌握谈话的主动权，因此在对方讲述的时候，你经常会打断对方讲话或者打岔，用一种极为不礼貌的方式夺回话语权。这样做很容易激怒对方，让矛盾升级。

B. 28—32 分　理智的人

虽然我们总说要理智地对待冲突才能更好地解决问题，但是在爱情面前，如果总是过于理智，任由对方去争去吵，自己从不加理会或者就事论事，其实并不能很好地解决冲突，反而可能会让对方的怒火烧得更加旺盛。因为在爱情面前，你的冷静代表着一种漠不关心，有时候对方只是想要得到你在情感上的一些安慰和支持，所以你不能表现得过于沉默。

C. 23—27 分　爱指责的人

你在指责对方的时候，也许你的心里并不是真的想要责怪对方，可能只是想让对方多重视你一些，可是有时候你越是想要让对方先低头哄你，越容易陷入尖酸刻薄之中。你是想要他反省，因愧疚而纠正弥补，越会让对方的怒火烧得更旺，反而不利于沟通、解决。

D. 18—22 分　真实的人

由于面对的是自己的心爱之人，当感情出现冲突的时候，当伤心的时候，在另一半面前哭并非是懦弱的表现，因为你能真实地面对自己的脆弱，并且进行言行一致的表达。想要安慰就求安慰，想要对方哄就讲出来，这样反而可以避免很多误会，而你的意思对方也能准确接收，有利于他采取正确的行动。不过当你怒火中烧的时候，还是需要稍微控制一下自己的情绪，不要太过直接。

E. 10—17分　讨好的人

与另一半有冲突时，你往往是最先妥协的人。由于重视对方，且重视这段感情，因此常常会忽略自己的感受。在感情中常常扮演委曲求全的角色。为了能够讨好对方，难免会陷入一种可怜兮兮的境地。虽然爱情不应该计较谁付出得多谁付出得少，但是自爱者才能被人爱，你要坚守自己的底线与原则，别人才会珍惜你、尊重你。